BEI GRIN MACHT SICH IHR WISSEN BEZAHLT

- Wir veröffentlichen Ihre Hausarbeit,
  Bachelor- und Masterarbeit

- Ihr eigenes eBook und Buch -
  weltweit in allen wichtigen Shops

- Verdienen Sie an jedem Verkauf

Jetzt bei www.GRIN.com hochladen
und kostenlos publizieren

Bibliografische Information der Deutschen Nationalbibliothek:

Die Deutsche Bibliothek verzeichnet diese Publikation in der Deutschen National-
bibliografie; detaillierte bibliografische Daten sind im Internet über http://dnb.d-
nb.de/ abrufbar.

Dieses Werk sowie alle darin enthaltenen einzelnen Beiträge und Abbildungen
sind urheberrechtlich geschützt. Jede Verwertung, die nicht ausdrücklich vom
Urheberrechtsschutz zugelassen ist, bedarf der vorherigen Zustimmung des Verla-
ges. Das gilt insbesondere für Vervielfältigungen, Bearbeitungen, Übersetzungen,
Mikroverfilmungen, Auswertungen durch Datenbanken und für die Einspeicherung
und Verarbeitung in elektronische Systeme. Alle Rechte, auch die des auszugsweisen
Nachdrucks, der fotomechanischen Wiedergabe (einschließlich Mikrokopie) sowie
der Auswertung durch Datenbanken oder ähnliche Einrichtungen, vorbehalten.

Impressum:

Copyright © 2015 GRIN Verlag, Open Publishing GmbH
Druck und Bindung: Books on Demand GmbH, Norderstedt Germany
ISBN: 9783668337237

Dieses Buch bei GRIN:

http://www.grin.com/de/e-book/342979/wunderschoen-und-gefaehrlich-wildbaeche-
in-den-alpen

Daniela Kagerbauer

Wunderschön und gefährlich. Wildbäche in den Alpen

GRIN Verlag

GRIN - Your knowledge has value

Der GRIN Verlag publiziert seit 1998 wissenschaftliche Arbeiten von Studenten, Hochschullehrern und anderen Akademikern als eBook und gedrucktes Buch. Die Verlagswebsite www.grin.com ist die ideale Plattform zur Veröffentlichung von Hausarbeiten, Abschlussarbeiten, wissenschaftlichen Aufsätzen, Dissertationen und Fachbüchern.

Besuchen Sie uns im Internet:

http://www.grin.com/

http://www.facebook.com/grincom

http://www.twitter.com/grin_com

Universität Augsburg

Fakultät für Angewandte Informatik

Institut für Geographie

Wildbäche in den Alpen

Hauptseminar Physische Geographie der Alpen (WS 14/15)

Daniela Kagerbauer

B.Sc. Geographie, 6. Semester

Abgabetermin: 30.10.2015

Inhaltsverzeichnis

Abbildungsverzeichnis

Tabellenverzeichnis

1 Wildbäche – wunderschön und gefährlich

> *„Kaum eine andere Naturgewalt vernichtet so*
>
> *viele volkswirtschaftliche Werte; kaum gibt es*
>
> *einen sprechenderen Ausdruck für das Zerstörungswerk*
>
> *im Gebirge als die Wildwasser"*
>
> (Penck 1912, S. 34).

Beim Betrachten des Titelbildes, dem Sittersbach in den Berchtesgadener Alpen, ist es schwer vorstellbar, dass dieser ruhige und idyllische Bach zu einer zerstörerischen und oft sogar tödlichen Gefahr werden kann.

Berichte über die verheerenden Schäden durch Naturgewalten sind heutzutage in der Presse schon fast täglich präsent. Schlagzeilen über die Zerstörung ganzer Ortschaften durch Wildbäche oder Murereignisse häufen sich. Stimmen werden laut, die Naturkatastrophen hätten zugenommen und der Klimawandel sei schuld. Das mag zu einem Teil auch richtig sein. Wie aber schon Walther Penck 1912 schrieb, bleibt zu bedenken, dass durch Wildbäche auch in der Vergangenheit Besitztümer zerstört und Leben gefordert wurden.

Dabei ist aber das Auftreten von Wildbächen und Murereignissen in den Alpen völlig normal und findet schon seit der Heraushebung des Gebirges statt. Erst als der Mensch seinen Lebensraum auf die Bergwelt ausweitete, begann der Konflikt zwischen Mensch und Natur. Anfangs wurden Siedlungen in respektvollem Abstand zu Wildbächen und anderen Gefahren errichtet. Durch den zunehmenden Siedlungsdruck, die touristische Erschließung und die wirtschaftliche Nutzung nahm die Risikobereitschaft der Menschen allerdings zu und der Abstand zu den Wildbächen ab (Stritzl 1980). Die Vulnerabilität des Menschen und dessen Anlagen wird durch zahlreiche schwerwiegende Katastrophen in den vergangenen Jahren (wie z.B. im Jahre 2002) deutlich. Diese Ereignisse zeigen, dass bei weiterhin ansteigendem Nutzungsdruck und der Veränderung des Klimas der Wildbachverbau zum Schutz von Siedlungen und Infrastruktur immer wichtiger wird. Zusätzlich ist aber auch jeder Einzelne gefordert, um mit Hilfe von Raumnutzungsplänen und Gefahrenhinweiskarten sich selbst schützen zu können.

Um ein besseres Verständnis für die Abläufe und die Gefahren in einem Wildbach zu bekommen, soll in dieser Arbeit ein Überblick darüber gegeben werden, was Wildbäche sind, wie sie entstehen, welchen Nutzen der Mensch aus ihnen zieht, aber auch welche Gefahren sie mit sich bringen, welche Schutzmaßnahmen es dagegen gibt und inwieweit sich der Klimawandel auf die Wildbachprozesse auswirkt.

2 Definitionen und Wildbachtypisierung

2.1 Wildbach

Nach DIN 19663 (1985, S. 3) sind Wildbäche *„oberirdische Gewässer mit zumindest streckenweise großem Gefälle, rasch und stark wechselndem Abfluss und zeitweise hoher Feststoffführung"*.

Das österreichische Forstgesetz (ForstG 1975, §99, Abs.1) beschreibt einen Wildbach als *„ein dauernd oder zeitweise fließendes Gewässer, das durch rasch eintretende und nur kurze Zeit dauernde Anschwellungen Feststoffe aus seinem Einzugsgebiet oder aus seinem Bachbett in gefahrdrohendem Ausmaße entnimmt, diese mit sich führt und innerhalb oder außerhalb seines Bettes ablagert oder einem anderen Gewässer zuführt"*.

Schnell wechselnde Wasserstände, Feststoffe und starkes Gefälle – diese Eigenschaften sind laut Böll et al. (2008) entscheidende Abgrenzungskriterien zu anderen Fließgewässern. Für die Charakterisierung von Wildbächen ist es also von großer Bedeutung, den Ursprung dieser Komponenten zu ergründen und zu verstehen. Darauf wird in Kapitel 3.1 genauer eingegangen. Im Folgenden sollen einige Möglichkeiten der Einteilung von Wildbächen aufgezeigt werden.

Der Wildbach selbst lässt sich in seiner Längserstreckung (siehe Abb. 1) in drei Teile untergliedern:

Das **Einzugsgebiet**, in dem die Abflussbildung durch Niederschläge oder Schmelzwasser erfolgt. Es wird auch bezeichnet als Erosionstrichter oder Sammelgebiet, da hier das Wasser und die durch Massenbewegungen entstandenen Feststoffe gesammelt, abgelöst und vom Wildbach selbst und seinen Zuflüssen aufgenommen werden. Um einen Wildbach beurteilen und richtig einschätzen zu können, ist eine genaue Kenntnis des Einzugsgebietes unabdingbar (Karl & Mangelsdorf 1982, Bunza et al. 1996). Im Vergleich zu anderen Gewässern ist das Einzugsgebiet eines Wildbaches eher klein, wobei es bei der Definition der Größe starke Differenzen zwischen den einzelnen Autoren gibt. Größen von 10 km² (nach Becht 1995, vgl. Fleischer 2011, S. 118) bis 300 km² (nach Uhlenbrook & Steinbrich 2002, vgl. Fleischer 2011, S. 118) werden genannt. Eine genaue Angabe scheint aber eher unzweckmäßig. Wichtiger ist, dass Abflüsse in Wildbächen direkt und unmittelbar vom Niederschlag oder dem Schmelzwasser in ihrem Einzugsgebiet beeinflusst werden (Fleischer 2011).

Die **Abfluss- oder Durchflussstrecke** (auch Schlucht, Tobel, Klamm oder Schwemmkegelhals genannt), in der das Material vermischt, z.T. abgelagert, wieder erodiert und talwärts transportiert wird.

Das **Ablagerungsgebiet** des mitgeführten Materials, welches sich oft als Schutt- oder Schwemmkegel ausbildet. Die Kegelform entsteht durch die ständige Verlagerung des Bachbettes bei Hochwasser. Eine weitere Form des Ablagerungsgebiets ist die Aufsattelung, bei der der Wildbach durch die Ablagerung seines Geschiebes einen Damm vor sich her aufbaut und auf diesem entlang verläuft (Karl & Mangelsdorf 1982, Rimböck et al. 2012). Die Art der Ablagerung wird dabei durch die Steilheit des Gerinnes und das Verhältnis der Grob- und Feinanteile des Geschiebes bestimmt. Je feiner das Geschiebe, desto flacher erscheinen die Ablagerungen. Sehr grobes Material baut steile Schwemmkegel auf, überwiegt das Feinmaterial, entstehen Schwemmfächer. Bei einem sehr flachen Verlauf des Wildbaches wird in den Umlagerungstrecken abgelagert. Somit kann das Ablagerungsgebiet sehr viel über die zu erwartende Wildbachtätigkeit aussagen. Schwemmkegel sind mittlerweile intensiv landwirtschaftlich genutzt und seit dem stark ansteigenden Siedlungsdruck auch als Siedlungsraum genutzt. Es muss allerdings immer mit schwerwiegenden Überschwemmungen und Muren gerechnet werden, was erhebliche Herausforderungen für den Schutz von verstädterten Gebieten mit sich bringt (Aulitzky 1986, Marchi & Brochot 2000). Laut Surell (1841) ist das Vorhandensein eines Schwemmkegels bzw. eines Ablagerungsbereiches grundsätzlich eine klare Unterscheidungsmöglichkeit zu anderen Wasserläufen wie einfachen Gebirgsbächen.

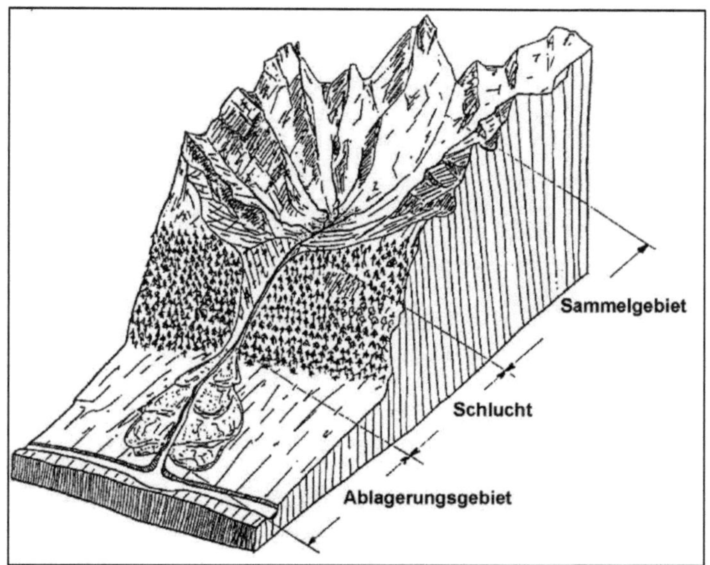

Abb. 1: Längsgliederung eines Wildbaches in Sammelgebiet, Durchflussstrecke und Ablagerungsgebiet (Hübl et al. 2003, S. 10).

Des Weiteren lassen sich Wildbäche anhand ihrer verschiedenen Eigenschaften untergliedern. Die Typisierung erfolgt dabei je nach Autor auf unterschiedliche Weise.

Stiny (1910) unterteilt Wildbäche entsprechend dem Alter der Feststoffherde, also in Altschuttbäche und Jungschuttbäche. 1931 versuchte Stiny eine weitere Einteilung in Altschuttwildbäche, Jungschuttwildbäche, gemischte Wildbäche und besondere Wildbäche.

Aulitzky (1980) unterscheidet vier Wildbachtypen, indem er die „Murfähigkeit" von Wildbächen beurteilt: Murstoßfähige, murfähige, geschiebeführende und nur hochwasser-
führende Wildbäche. Diese unterteilt er dann weiter anhand der vorherrschenden Art
ihrer Erosionsvorgänge im Einzugsgebiet und beurteilt die Entwicklungsfähigkeit des
Wildbaches (siehe Abb.2).

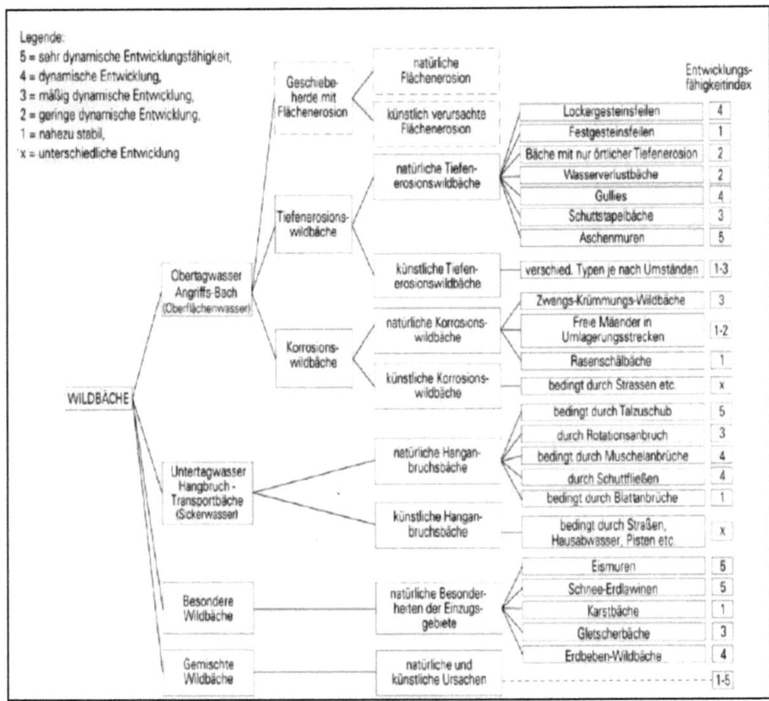

Abb. 2: Wildbachklassifikation nach Aulitzky 1980 (Hübl et al. 2003, S. 13).

Karl & Mangelsdorf (1982) verwenden als Einteilungskriterien zum einen das Maß der
menschlichen Beeinflussbarkeit (bzw. Unbeeinflussbarkeit) des Niederschlagsabflusses
und/oder des Feststoffanfalls. Zum anderen beurteilen sie die Art der Feststoffherde,
welche aus den geologisch-morphologischen Verhältnissen im Einzugsgebiet des
Wildbaches abgeleitet wird. Aufgrund dieser Kriterien unterscheiden sie (speziell für die
Ostalpen) zehn unterschiedliche Wildbachtypen (siehe Tab. 1).

Dabei sind die anthropogen beeinflussbaren Wildbäche in die Gruppe der expansiven
Feststoffherde und die nicht beeinflussbaren Bäche in die Gruppe der stationären Feststoffherde eingeteilt. Anthropogen beeinflussbar sind z.B. Abfluss und Abtrag in Wildbächen in Talverfüllungen, hierfür sind der Halblech im Ostallgäu oder auch der Lainbach
im Landkreis Bad Tölz-Wolfratshausen gute Beispiele (Karl & Mangelsdorf 1982). Diese

Einteilung dient v.a. als Entscheidungshilfe für die Art der künftig durchzuführenden Wildbachverbauung.

Tab. 1: Klassifikation der Wildbäche (WB) nach Art der Feststoffherde und der anthropogenen Beeinflussbarkeit (eigene Darstellung nach Karl & Mangelsdorf 1982).

Feststoffherde in...	1. WB mit expansiven Feststoffherden Abfluss & Abtrag anthropogen beeinflussbar	2. WB mit stationären Feststoffherden Abfluss & Abtrag anthropogen nicht beeinflussbar	3. WB mit expansiven & stationären Feststoffherden Abfluss & Abtrag teilw. anthropogen beeinflussbar
...harten Kristallingesteinen		2.1 WB in harten Kristallingesteinen	
...harten Sedimentgesteinen		2.2 WB in harten Sedimentgesteinen	
...veränderlichen Festgesteinen		2.3 WB in veränderlichen Festgesteinen	3.1 WB in Gebieten großer Massenbewegung
...Lockergesteinen	1.1 WB in Talverfüllungen	2.4 WB in rezenten Moränen	
	1.2 WB in Restschuttkörpern		3.2 WB auf Schuttkegeln
			4. Übergänge zum Gebirgsbach
			4.1 WB in Talalluvionen
...Boden			4.2 WB aus Waldabbrüchen

Wildbäche sind aber auch abhängig vom lokalen Klima, dem geologischen Aufbau des Wildbachgebietes, der Form des Niederschlagsgebietes und vom Niederschlagsereignis selbst. Daraus ergeben sich unterschiedliche Abflusstypen der Wildbäche (Karl & Mangelsdorf 1982):

- episodisch bzw. periodisch wasserführend sind Wildbäche bei Schneeschmelze, lang andauernden Niederschlägen oder bei Starkregen.
- Permanent wasserführende Wildbäche unterliegen starken Wasserstands-Schwankungen, fallen aber nicht trocken.

2.2 Sonderfall Mure

Einen Sonderfall des Wildbaches bei Hochwasser stellt die Mure (auch Rüfe, Gisse oder Murgang genannt) dar. Laut Fleischer (2011) gibt es dafür allerdings keine klare Definition in internationalen Publikationen. Bei einem Murereignis steigt die mit dem Wasser mitgeführte Geschiebemenge so stark an, dass das Wasser nicht mehr als Transportmittel fungiert, sondern ein einheitlich vermischter Schlammstrom aus Wasser, Felsblöcken, Steinen, Kies, Holz und Feinmaterial entsteht, welcher sich mit Geschwindigkeiten bis zu 100 km/h talwärts bewegt und mehr oder weniger gleichmäßig über den Abflussquerschnitt verteilt ist. Die Abflussgeschwindigkeit ist dabei stark von Art und Konzentration der Feststoffe sowie den Entstehungsbedingungen (Aufbruch einer Verklausung, Geschiebeaufnahme während des Abflusses, Hangrutschung,...) abhängig.

Dieses Mehrphasengemisch entsteht durch den plötzlichen Eintrag großer Feststoffmengen, welcher beispielsweise durch Rotationsrutschungen oder Wandabbrüche zustande kommen kann. Das Verhältnis von Murmaterial zu Wasser ist laut Bunza (1975) durchschnittlich 1:1. Wildbäche können – wie oben bereits erwähnt – das Potential zur Murbildung besitzen oder auch nicht (Karl & Mangelsdorf 1982, Luzian 2002). Die Abgrenzung zwischen Wildbach und Mure ist schwierig, da sich Transportprozesse und Mischungsverhältnisse oder -zustände während des Verlagerungsprozesses verändern können und zudem während (und auch nach) dem Ereignis nicht eindeutig bestimmbar sind (Stiny 1910, Hübl 1996, Fleischer 2011).

3 Wildbäche

3.1 Entstehung von Hochwasser und Geschiebe

Die Definition von Wildbächen (siehe Punkt 2.1) beinhaltet schon die wichtigsten Faktoren, welche für die Entwicklung und das Verhalten eines Wildbaches von Bedeutung sind. Angefangen von der **Geologie** (sie bestimmt, welche Feststoffe für den Transport zur Verfügung stehen), über die **Geomorphologie**, also das Relief und die unterschiedlichen Formen des Massenabtrages, und die **Vegetation** (speziell im Einzugsgebiet), bis hin zum **Wasser,** das den Motor für alle Wildbachprozesse darstellt. Allem übergeordnet beeinflussen das im jeweiligen Gebiet vorherrschende **Klima** und die **anthropogenen Eingriffe** in das Wildbachsystem (Verbauung, Nutzung,...) das Abtragsgeschehen. Dabei sind die einzelnen Faktoren nicht isoliert, sondern als Ursachenkomplexe zu betrachten, die permanent oder periodisch wirken und sich gegenseitig beeinflussen können. Zudem kann, wie schon erwähnt, zwischen vom Menschen unbeeinflussbaren (weitgehend gleichbleibenden) und anthropogen veränderlichen Faktoren unterschieden werden (Bunza 1992, Luzian 2002).

Tab. 2: Einflüsse auf die Hochwasser- und Geschiebeführung, unterteilt nach Einzugsgebiet und Oberflächengestaltung (eigene Darstellung nach Luzian 2002, S. 57).

	Größe	Form	Höhenlage	Morphologie	Geologie	Hydrologie
Einzugsgebiete	Überregnete Fläche, Ursachen & Wirkungsgebiet	Tallänge, rund oder länglich, Lage zur Wetterzugrichtung	Abflusstyp	Fluviatile/ glaziale Form, Hangrutschungen, Bifurkationsgrad, Gerinneform, Engstellen, Steilheit	Lage & Art der Geschiebeherde, Dichte, Härte, Wasserwegsamkeit, Klüfte, Schichtung, Löslichkeit	Starkregen, Dauerregen, Schnee- & Hagelanteil
	Bodenbedeckung (Vegetation)			**Kulturzustand/ Bewirtschaftung**		
Oberflächengestaltung	Bestockung, Alter, Durchwurzelungstiefe, Kroneninterzeption, Transpiration, Bodenaggregatszustand, Aufnahmepotential von Pflanze & Boden, Vorsättigung des Bodens, Versickerungsfähigkeit			Alm, Weide, Wiese, Acker, Wald Versiegelung, Grad & Dauer der Bodenbedeckung Ödland, Kahlgebirge		

Eine Zusammenstellung der wichtigsten Einflussgrößen ist in Tab. 2 dargestellt, wobei hier die Bodenbedeckung und deren Kultivierung als anthropogen stark veränderlicher Faktor aus den Eigenschaften des Einzugsgebietes ausgegliedert wurden.

3.1.1 Geologie und Geomorphologie

Die Alpen sind geologisch gesehen ein sehr komplexes Gebirge. Viele verschiedene Gesteinsschichten wurden aus ursprünglich weit voneinander entfernt liegenden kontinentalen und ozeanischen Platten durch mehrere Phasen der Gebirgsbildung auf engstem Raum zusammengeschoben und in Decken übereinander gestapelt. Durch Ablagerung, Verformung, Heraushebung, Verwitterung und Abtrag entstand über Millionen von Jahren das rezente Gebirge. Die Hebung des Gebirges findet auch heute noch mit durchschnittlich 0,5 bis 1 Millimeter pro Jahr statt (Marthaler 2013). Entgegen diesen endogenen Kräften wirken exogene Kräfte v.a. dort abtragend auf die Gesteine, wo tektonisch beanspruchte Bereiche und leicht erodierbare Fest- oder Lockergesteine vorliegen. Die Tektonik und die Lithologie sind die *„Primärursachen"* (Bunza 1992, S. 16) für Massenbewegungen und die Bildung von Feststoffherden für Wildbäche:

In **tektonisch stark beanspruchten Gebieten** können Diskontinuitäten (Schwächezonen) und Erdbeben entstehen, die zu Hangbewegungen führen können. In diesen geologisch labilen Bereichen entwickeln sich besonders gefährliche Wildbäche (z.B. der Gschliefgraben bei Gmunden, oder der Zlambach im Salzkammergut) und eine hohe Wildbachdichte, wie sie z.B. im Gailtal vorzufinden ist (Bunza et al. 1996, Bayerisches Landesamt für Wasserwirtschaft 2002, Luzian 2002).

Festgesteine werden je nach vorherrschendem Klima durch physikalische und chemische Verwitterung angegriffen und somit leichter erodierbar gemacht. Bergsturz-, Felssturz- oder Steinschlagerscheinungen sind mögliche Folgen und können Bäche aufstauen oder Material zur Verfügung stellen, welches mit dem Wasser abtransportiert wird. Dichte Gesteine (z.B. der Flyschgürtel, tonhaltige oder granitische Gesteine) haben bei Starkregenereignissen einen starken Oberflächenabfluss zur Folge, wodurch wiederum eine große Gewässerdichte und steile Hochwasserwellen entstehen können (Bunza et al. 1996, Luzian 2002).

Lockergesteine lassen sich nach Stiny (1931) in Hinblick auf die Wildbachtätigkeit in Jungschutt- und Altschuttgesteine untergliedern.

Bei **Jungschutt** handelt es sich um aktuell und andauernd neu gebildete Verwitterungsprodukte, welche z.B. aus der Frostverwitterung, der Druckentlastung oder auch aus chemischen Verwitterungsvorgängen entstehen. Da diese Verwitterungsmassen erst gebildet und angehäuft werden müssen, neigen Jungschuttwildbäche (siehe Abb. 3, links), in Abhängigkeit von klimatischen Einflüssen (hier v.a. Temperaturänderungen), zu längeren Pausen der Geschiebeführung (ca. 3 bis 35 Jahre) bis das Sammelgebiet wieder mit ausreichend abfuhrbereitem Schutt aufgefüllt ist. Häufig kommt diese Art von Gesteinen im Kalkgestein vor (in Karten dann oft als „Weißenbach" oder

„Griesbach" zu finden), wie z.B. das Wimbachgries in den Berchtesgadener Alpen. Jung-schuttwildbäche können aber ebenso im Kristallin auftreten, z.B. der Fimberbach, welcher dem Silvretta-Hauptkamm entspringt und von dessen Einzugsgebiet Teile im Engadiner Fenster liegen (Stiny 1931, Karl & Mangelsdorf 1982, Luzian 2002).

Altschutt hingegen ist Lockergestein, welches heute nicht mehr in Bildung begriffen, sondern in der Vergangenheit entstanden ist. Geschiebeherde aus Altschutt bestehen meist aus glazialen, hoch gelegenen Talverfüllungen (Moränen) aus den letzten Eiszeiten – v.a. entlang der großen Alpenlängstäler des Inns, der Salzach, der Enns, der Drau und der Möll – aber auch aus fluvioglazialen oder äolischen Ablagerungen. In den zentral-alpinen Bereichen mit besonders hartem Ausgangsgestein und steilen Talflanken waren die Möglichkeiten zur Ablagerung der glazialen Talverfüllungen eher eingeschränkt. Dadurch bilden diese Gebiete eher weniger Wildbachgebiete aus (siehe Abb. 4).

Abb. 3: <u>Links</u>: Jungschutt-Neubildung in dem vegetationslosen Gebirge im Hinter-grund. Im Vordergrund der Jungschuttwildbach Haindlkarbach in der Steiermark <u>Rechts</u>: Altschutt einer pleistozänen Moränenablagerung, welcher zusammen mit den darauf wachsenden Bäumen vom Wildbach abtransportiert werden kann (Luzian 2002, S. 28).

Abhängig von der Kornzusammensetzung, der Lagerungsdichte und der Ablagerungsart unterscheiden sich aber die Eigenschaften solcher Altschuttgesteine in Hinblick auf ihre

Erosionsfähigkeit. Beispielsweise zählen Moränen (siehe Abb. 3, rechts) mit hohem Fein-
kornanteil zu den gefährlichsten Geschiebeherden der Alpen, da das Material von Hoch-
wässern leicht angegriffen und abtransportiert werden kann. Zwei der gefährlichsten Altschuttbäche in Österreich sind der Enterbach im Inntal und der Gantschenbach bei Lienz.
In den Bayerischen Alpen sind der Jenbach (Rosenheim) und der Lainbach (Benediktbeuren) prominente Beispiele für Wildbäche in pleistozänen Lockergesteinen. Auch der
Halblech im Ostallgäu zählt zu den Altschuttwildbächen, obwohl sein Einzugsgebiet zum
Teil durch Flysch und zur Hälfte durch die (im Süden an den Flysch grenzende) Kalk-
alpine Randzone aufgebaut wird. Die für den Abtrag bedeutenderen Feststoffherde aber
sind die pleistozänen Talverfüllungen (Karl & Mangelsdorf 1982, Aulitzky 1986, Wetzel
1994, Luzian 2002, Wetzel et al. 2006).

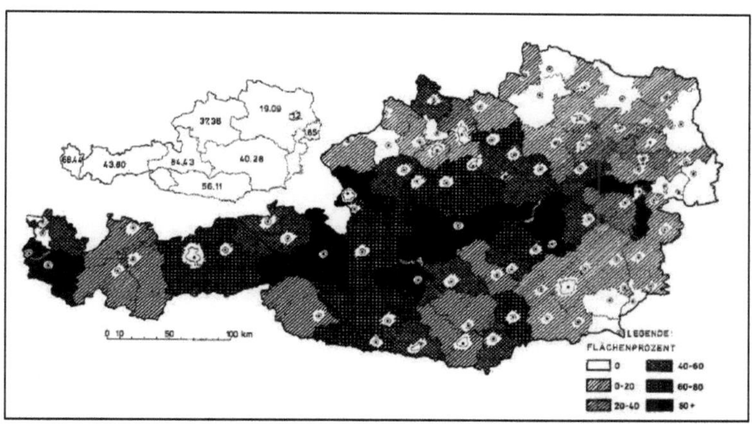

**Abb. 4: Wildbachgefährdete Flächen in Prozent der Gesamtfläche der Bundes-
länder (kleine Karte links oben) und in den politischen Bezirken Österreichs (Stand
1967) (nach Aulitzky, et al. 1977, aus Aulitzky 1986, S. 47).**

Der Zustand des Einzugsgebietes oberhalb bzw. im ferneren Umfeld von Wildbächen ist
dabei ebenso bedeutend für die Entstehung von Feststoffherden und die Gefährlichkeit
von Wildbächen bzw. Muren, wie die durchflossene Strecke selbst. Die geologischen
Eigenschaften der Gesteine (Dichte, Härte, Schichtung, Klüftigkeit und Wasser-
wegsamkeit) und die Form eines Einzugsgebietes beeinflussen Abflussfaktoren und
Versickerungskoeffizienten und somit die unter- und oberirdischen Abflüsse (siehe
Abb. 5). Davon hängen wiederum die im Boden enthaltene Wassermenge und damit die
Festigkeit der Hänge ab (Wetzel 1994, Luzian 2002).

Die Massenbewegungen selbst hängen also eng mit der Morphologie des jeweiligen
Wildbachgebietes zusammen. Höhenlage, Hangneigung, Hangmorphologie und auch
morphodynamische Prozesse (z.B. fluviatile Eintiefung, Eisrückzug,...) nehmen Einfluss
auf Häufigkeit, Art und Schwere der Erosion. Durch Massenselbstbewegung oder
Massenschurf entstandene Feststoffherde sind nach Bunza (1992) die bedeutendsten

Geschiebeliefergebiete der Wildbäche. Die Vorhersage dieser Massenbewegungen stellt eine essenzielle Grundlage für die Wildbachverbauung oder -sanierung dar (Bunza 1992, Bunza et al. 1996).

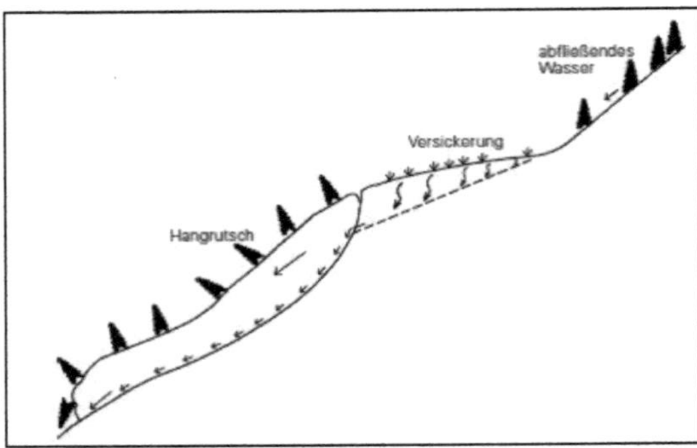

Abb. 5: Verebnungen im Hang stellen oft als Versickerungsgebiet eine Gefahr für den Unterhang dar (Luzian 2002, S 43).

Zusätzlich zum Geschiebeeintrag aus dem Einzugsgebiet und der direkten Bacheinfassung kommt durch die Schleppkraft des Wassers Material aus der Bachbettsohle selbst hinzu. Diese Kraft hängt zum einen von der Fließgeschwindigkeit und damit von der Gewässertiefe und dem Gefälle ab, zum anderen vom Sohlenzustand des Wildbaches: eine langsame Eintiefung erfolgt in Fels oder groben Blockschutt (häufig in Klammen) und eine Art Gleichgewichtszustand der Sohle stellt sich ein, wenn Geschiebetrieb weder zur Auflandung noch zur Eintiefung führt. Ist die Transportfähigkeit eines Wildbaches nicht ausgelastet, so findet verstärkte Erosion in die Sohle statt. Es können dabei sogenannte Feilenanbrüche (beidseitige Uferanbrüche durch Tiefen- und Seitenerosion) entstehen (Karl & Mangelsdorf 1982, Luzian 2002).

3.1.2 Hydrologie, Boden und Klima

Ein weiterer wichtiger, mit der Geologie und der Geomorphologie eng verbundener, Einflussfaktor auf Wildbäche ist das Wasser. Zu berücksichtigen sind dabei das geologische Einzugsgebiet, dessen Wasserwegsamkeit, Quellen, Aquifere, starke Vernässungszonen, abflusslose Senken und Schucklöcher, sowie Karstgebiete. Durch Oberflächenabfluss, Sickerwasser oder durch Grundwassereinfluss können große Bereiche erodieren oder durchnässen, wodurch Instabilitäten und Massenbewegungen entstehen (Bunza et al. 1996).

Der Wasserhaushalt ist wiederum stark von den Bodeneigenschaften abhängig. Das Bodengefüge, die enthaltene organische Substanz und das Ausgangsgestein für die Bodenbildung beeinflussen den jeweiligen Standort hinsichtlich der Wasserspeicherkapazität und auch der Infiltrationskapazität (insbesondere durch das Verhältnis von Grob- zu Feinporen). Zudem sind leicht wasserbewegliche Bodenarten wie Feinsand und Schluff für erhöhte Erosions- oder Denudationsprozesse verantwortlich. Stauhorizonte sowie fehlende Aggregatsstabilität können zu Massenbewegungen führen (Bunza et al. 1996). Tab. 3 gibt einen Überblick über die Auswirkung unterschiedlicher Bodenarten auf den Oberflächenabfluss. Ergänzend dazu sind einige Bodentypen und Nutzungsformen genannt.

Tab. 3: Zusammenhang von Oberflächenabfluss (OF-Abfluss) und Bodenarten, Bodentypen und der jeweiligen Standortnutzung (nach Bunza & Schauer 1989, S. 146 ff).

	Kein OF-Abfluss		OF-Abfluss bis 25%		OF-Abfluss bis 50%		OF-Abfluss > 50%
Standort	Schluffig-tonig	Kiesig &/oder sandig	Schluffig-sandig, sandig	Schluffig-tonig	Schluffig-tonig, schluffig-sandig mit mittlerem Tongehalt	Keine Angabe	Schluff mit hohem Tongehalt, Sand mit hohem Schluffanteil, Ton
Boden-typen	Keine Angabe	Rohboden, Rendzina, flachgründige Braunerde	Keine Angabe	Gley	Gley	Keine Angabe	Keine Angabe
Nutzung Ereignis	Bergmischwald, Fichtenaltbestand mit Strauch-& Krautschicht	Unter-geordnete Bedeutung	Fichtenaltbestand mit geringem Unterwuchs	Kahlhiebe, Bodenver-dichtung, mit Wurzelstöcken	Alte Kahlschlag-fläche, Fichtenjungwald	Ehemalige Gleitflächen flachgründiger Rutschungen im Fichtenaltbestand	Kahlhieb, Beweidung

Das Wasserdargebot steht außerdem in enger Wechselwirkung mit dem vorherrschenden Klima (besonders: Niederschlag und Temperatur). Je nach Richtung und Art der anströmenden Luftmassen können lang anhaltender Dauerregen (feuchtwarme, maritime Luftmassen aus Süden) oder kleinräumige Starkregenereignisse durch lokale Gewitterzellen (konvektiv oder Frontendurchzug) zu Hochwasser und damit zu erhöhter Wildbachtätigkeit führen. Verspätet, aber auch aus Niederschlag hervorgegangen, können große – in kurzer Zeit schmelzende – Schneemengen zu stark erhöhten Abflüssen führen (Aulitzky 1986, Luzian 2002). Die Niederschlagshöhenverteilung ist in den Alpen sehr unterschiedlich (Luzian 2002, Wallner et al. 2007):

- Kontinental & abgeschirmt → mit zunehmender Höhe kein Niederschlagsanstieg
- Nach außen offene Täler → Niederschlag steigt mit der Höhe an

Allgemein nehmen aber in den Alpen die Niederschläge um rund 70 bis 100 mm pro 100 Höhenmeter zu.

Eine großflächige Betrachtung des gesamten Alpenraumes ergibt, dass in bestimmten Gebieten (z.B. in den inneralpinen Tälern wie dem Ötztal) nur sehr selten Gewitter zu verzeichnen sind, wohingegen es in anderen Alpenbereichen vermehrt zu Starkregenereignissen kommen kann. Zu nennen ist hier v.a. der Südostrand der Alpen, an dem häufig extreme Niederschläge niedergehen. Regionale Unterschiede bestehen auch im Zeitpunkt des Auftretens eines Niederschlagsereignisses. Während im Südalpenraum vorwiegend im Spätherbst mit Starkregenereignissen zu rechnen ist, fallen in den Nordalpen die größten Regenmengen bei Staulagenereignissen in den Sommermonaten, weswegen am häufigsten in dieser Zeit Wildbachereignisse belegt sind (Luzian 2002). Für die eher kleinen Wildbacheinzugsgebiete (je nach Autor unterschiedliche Dimensionierung zwischen 10 bis 300 km², vgl. Fleischer 2011) ist zudem die Niederschlagsintensität von größter Bedeutung, da diese umgehend mit stark erhöhtem Abfluss auf ein Starkregenereignis reagieren. Die hohen Abflüsse führen zu Tiefen- und Seitenerosion und verringern so die Festigkeit der Hänge. Dabei ist v.a. die Größe des Einzugsgebietes entscheidend, da diese nicht immer gleich der überregneten, oder der abschmelzenden Fläche ist. Auch die Form der abflussbildenden Fläche ist für die Hochwasserwelle von großer Bedeutung. In rundlichen Einzugsgebieten verteilt sich der Niederschlag schlechter, kommt also deutlich schneller und konzentrierter am Talausgang an, als bei langgestreckten (Bunza 1992, Luzian 2002).

Oft tritt in Kombination mit Starkregen auch Hagel auf, dessen Auswirkung auf das Wildbachgeschehen nicht eindeutig als positiv oder negativ beurteilt werden kann. Einerseits wird durch das Auftreffen der Hagelkörner Bodenmaterial gelockert und trägt so, besonders auf vegetationslosen Flächen, zur Geschiebebildung bei. Andererseits sind in den Hagelkörnern große Mengen an Wasser gebunden, welche während dem Gewitter nicht in den Abfluss übergehen, sondern erst nach dem Durchzug des Gewitters im Einzugsgebiet abschmelzen und so die abflusswirksame Niederschlagsmenge deutlich verringern (Luzian 2002).

Mit steigender Höhe verschiebt sich das Verhältnis von flüssigem zu festem Niederschlag. Der in größeren Höhen als Schnee gespeicherte Niederschlag kann insbesondere nach einem niederschlagsreichen Winter und Frühjahr zu extrem hohen Abflussraten durch Schmelzwasser führen. Die Abflusskurve wird umso steiler, je später im Jahr die Schneeschmelze einsetzt, da bei steilerem Einstrahlungswinkel und einer längeren Einstrahlungszeit der Sonne deutlich mehr Energie für die Schneeschmelze zur Verfügung steht. Die (Höhen-) Lage des Einzugsgebietes beeinflusst also das Abflussregime eines Wildbaches. Glazial und nival geprägte Wildbäche haben das Abflussmaximum im Juli, während der Zeit der intensivsten Schneeschmelze. Umso niedriger das Einzugsgebiet liegt, desto weniger wird der Abfluss von den Gletscher- oder Schneeschmelzwässern geprägt, umso deutlicher ist der Einfluss des Regenniederschlags und umso weiter verschiebt sich das Abflussmaximum Richtung Juni oder Mai (Luzian 2002).

3.1.3 Bodenbedeckung und Kultivierung

Anthropogene Veränderungen in der Landschaft haben in den letzten Jahrzehnten stark zugenommen und können zu steigender Instabilität der Wildbachsysteme und somit einer Zunahme der Wildbachtätigkeit führen. Die Entfernung oder Schwächung des schützenden Waldbestandes, die Bodenversiegelung, die Änderung der ober- und unterirdischen Gewässersysteme und der Verfall alter Be- und Entwässerungssysteme wirken in starkem Maße auf den Abfluss und die Versickerung von Niederschlägen (Luzian 2002).

Die größte Rolle im Rückhalt von Starkniederschlägen spielt aber der Bergwald, dieser stellt auch den größten Anteil am anthropogenen Einfluss auf das Erosionspotential. Durch Interzeption, durch Retention im Durchwurzelungsraum und durch Evapotranspiration reguliert ein strukturreicher, gesunder Wald den Wasserhaushalt, stabilisiert die Hänge und wirkt so der Neubildung von Geschiebeherden, wie auch extremen Hochwasserspitzen entgegen (Aulitzky 1986, Bunza 1992, Bunza et al. 1996). V.a. im 19. Jhd. wurde durch Brandrodung und große Kahlschläge die Waldgrenze nach unten verlagert, um landwirtschaftlich nutzbare Fläche zu schaffen und Holz für den Bergbau zu bekommen (Luzian 2002). Bunza & Schauer (1989) fanden durch Beregnungsversuche heraus, dass in Bergmischwäldern fast keine Oberflächenabflüsse entstehen, im Fichtenhochwald fließen dagegen bis zu 25% der künstlichen Beregnung ab. Annähernd gleiche und sehr große (50% und mehr) oberflächliche Abflüsse zeigen sich in Fichtenjungbeständen, Kahlhieben, Waldweideflächen, Grünland, Almweiden sowie angesäten und planierten Skipisten (Bunza & Schauer 1989).

Des Weiteren konnten Bunza & Schauer (1989) zeigen, dass auch die Vegetationszusammensetzung im Unterwuchs mit dem Oberflächenabfluss in Beziehung steht. Bestimmte Arten zeigten sich als zuverlässige Vernässungszeiger. Eine gute Zeigerart für erhöhte Abflüsse auf bewaldeten Standorten, wie auch für schwere, feuchte Ackerböden ist der Huflattich (*Tussilago farfara*). Weitere Zeiger sind feuchtigkeitsliebende und staunässe-zeigende Arten wie die Winkel-Segge (*Carex remota*) oder der Wald-Schachtelhalm (*Equisetum sylvaticum*) (Bunza & Schauer 1989).

Wald hat positive, aber auch negative Effekte auf die Wildbachtätigkeit. Durch Erosionsvorgänge an den Rändern der Wildbäche können die Hänge so weit abgetragen werden, dass der Waldbestand, welcher an den Hängen oder an den Talschultern vorhanden ist, angegriffen wird und in den Wildbach gelangt (siehe Abb. 3, rechts und Abb. 6). Verklausung steigert dabei das Gefahrenpotential eines Hochwasser führenden Wildbaches enorm, da beim unvorhersehbaren Durchbruch der Verlegung die Hochwasserflut deutlich ansteigt (Luzian 2002).

Abb. 6: Zwenbergerbach in Kärnten: wenn das Hochwasser durch einen plötzlichen Geschiebe- und Wildholzeinstoß für einige Zeit gestaut wird (Verklausung) kommt es zum Dammbruch und somit zu einer erheblichen Zunahme der zerstörenden Wirkung (Luzian 2002, S. 62).

Zu den bereits bestehenden Waldschäden kommen noch weitere anthropogene Einflüsse auf das Wildbachsystem hinzu, wo teilweise Produkte der 10.000 jährigen Bodenbildung unwiederbringlich zerstört werden: der Ski- und Wandertourismus, die intensive Landwirtschaft, der Straßen- und Stromtrassenbau, die Erschließung von Wohn- und Wirtschaftsgebieten, sowie die zusätzlichen Waldschäden durch weitere Rodungsmaßnahmen, Wildverbiss und sauren Regen.

Abb. 7 zeigt beispielhaft den enormen Einfluss des Menschen auf die Abflussbildung durch den Skitourismus. Nach der Rodung ist eine Versechsfachung der abgeflossenen Wassermenge zu verzeichnen. Ebenso ergibt sich durch die Rodung, wie aber auch durch landwirtschaftliche Nutzung (z.B. Beweidung, Forstwirtschaft) ein geringerer Erosionsschutz, da Wurzeln und das schützende Kronendach fehlen. Zudem verdichtet die Bodenoberfläche durch Bearbeitung oder Beweidung enorm und es entsteht ein Vielfaches an Oberflächenwasser, welches erodierend angreifen kann. Grünland nimmt außerdem im Vergleich zu Wald deutlich weniger Wasser auf (Stichwort Evapotranspiration). Dies führt dazu, dass der Boden deutlich mehr Wasser enthält und so der Oberflächenabfluss noch schneller eintritt. Der fehlende Wasserrückhalt verstärkt die Wildbachtätigkeit oder generiert neue Wildbach- oder Lawinengebiete. Die Grenze der Belastbarkeit der Wildbachsysteme in den Alpen wurde und wird dabei vielerorts überschritten, da der Mensch selbst das Gefahrenpotential von Wildbächen zusätzlich zu den natürlichen Gegebenheiten deutlich verstärkt (Luzian 2002).

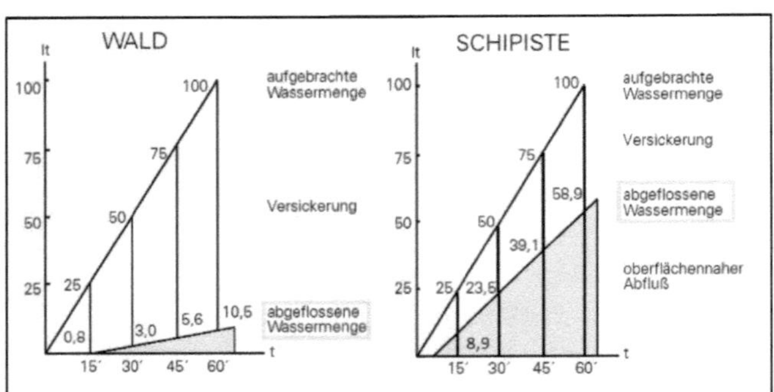

Abb. 7: Verringerung der Versickerung und Verstärken des oberflächennahen Abflusses durch Rodung zugunsten einer Skipiste, links: Zustand vor der Rodung, rechts: Zustand auf der Piste nach dreimaliger Begrünung (verändert nach Stauder 1974, aus Luzian 2002, S. 67).

Durch den Straßenbau erfolgt z.T. eine Einengung der Fließstrecke durch Wege parallel zu den Gewässerläufen und eine Versiegelung, wodurch schlecht kontrollierbarer zusätzlicher Oberflächenabfluss entsteht. Der Bau von Straßen im Hang durchschneidet Hangwassersysteme und führt so zu einem Ungleichgewicht im Hang. Durch zu wenig Freibord an Brücken kann bei Hochwasser eine schnelle und auch in Zukunft bestehend bleibende Verlagerung des Bachlaufes entstehen. Die Salzstreuung bedingt neben den forstlichen Schäden auch einen geringeren Zusammenhalt der Bodenteilchen (durch Ersatz von mehrwertigen Bindungen durch einwertige) und somit wiederum eine Erleichterung des Bodenabtrages (Luzian 2002, CIPRA Deutschland 2011).

Die Erschließung von Wohn- und Wirtschaftsgebieten (v.a. auf Schwemmkegeln, welche nicht ohne Grund bis in die Gegenwart bewaldet blieben!) führt zu großen Schäden. Früher gingen nur bestimmte Berufszweige (Müller, Schmiede oder Sägewerks-Betreiber) das Risiko ein, so nahe am Wildbach zu bauen. Heutzutage findet eine stetige Vergrößerung der Siedlungsgebiete in den Alpen statt, da die heimische Bevölkerung und zugleich der Touristenstrom in die Alpen immer weiter ansteigen (Luzian 2002, CIPRA Deutschland 2011).

Da der Mensch die natürlichen Feinde des Wildes (Wolf, Luchs,…) aus den Alpen vertrieben hat, steigt die Zahl von Reh-, Gams- und Rotwild stark an, welche auf der Suche nach Nahrung die jungen Triebe der Bäume fressen und somit einer natürlichen Verjüngung im Wege stehen. Außerdem wurden in Österreich bereits etwa 106 Millionen Bäume vom Wild geschält. Zusammen mit dem Einfluss des sauren Regens, welcher bereits bis zu 30% der gesamten österreichischen Waldfläche geschädigt hat, belastet der Wildverbiss und das Schälen der Bäume den Schutzwald enorm und fördert somit zusätzlich die bereits beschriebenen Prozesse (Ehrig 1977, Luzian 2002).

3.2 Menschliche Nutzung

Mit der Besiedelung der Alpen begann auch deren Nutzung. Schon in der mittleren Steinzeit griffen unsere Vorfahren in das alpine Ökosystem ein. Die Holz- und Erzgewinnung, aber auch Land- und Forstwirtschaft standen dabei im Vordergrund, dazu war der Bau erster Infrastruktureinrichtungen nötig. Ab dem 12. Jhd. wurden Wildbäche zum Holztransport genutzt. Für das sogenannte „Holztriften" wurde Wasser durch „Klausen" (siehe Abb. 8) aufgestaut. Durch plötzliches Freigeben des rückgestauten Wassers konnte das im Gerinne angerichtete Holz talwärts transportiert werden. Im 20. Jhd. gewann dann der Freizeit- und Erholungsfaktor der Alpenregion deutlich an Bedeutung. Der Ausbau von Verkehrsflächen wie auch das Vorrücken in höhere Gebiete der Alpen beschleunigte sich deutlich, da die Besucherzahlen und der Siedlungsdruck rasant anstiegen. Beispielsweise erhöhte sich die Bevölkerungszahl in den zehn Landkreisen der Bayrischen Alpen von ca. 800.000 im Jahre 1956 auf 1,2 Millionen in 2000. Dadurch rückten die Siedlungen zwangsläufig immer näher an die Wildbachgebiete heran (Bayerisches Landesamt für Wasserwirtschaft 2002).

Die intensive Nutzung des gesamten Alpenraumes ist allgemein bekannt: Wintertourismus, Wandern, Klettern, Mountainbike fahren, etc. All diese Sportarten werden zwar nicht direkt im oder am Wildbach ausgeübt, beeinflussen aber indirekt das Wildbachsystem durch Abholzung, Straßenbau und Bodenverdichtung. Ganz besonders hervorzuheben ist hierbei der Skitourismus. Durch Pisten, Lifte und jegliche Infrastruktur werden erhebliche Eingriffe in die Natur vorgenommen. Immer häufiger sind auch

Beschneiungsanlagen im Einsatz und beeinflussen das Abflussverhalten von Wildbächen enorm: in der sowieso regenarmen Winterzeit wird dem Wildbach Wasser entnommen. Im Frühjahr bei der Schneeschmelze kommt das Schmelzwasser des künstlich erzeugten Schnees zu den natürlichen Niederschlägen hinzu und erhöht somit den Abfluss noch einmal deutlich (Bayerisches Landesamt für Wasserwirtschaft 2002).

Abb. 8: Röthelmoosklause bei Ruhpolding (eigene Aufnahme 2015).

Die Almwirtschaft ist im Vergleich zu früher deutlich intensiver geworden. Tausende von Kühen und Schafen werden jedes Jahr auf die Weiden getrieben. Bei durch Regen aufgeweichtem Boden erhöht sich durch Trittschäden die Bodenverdichtung und dadurch der Oberflächenabfluss und die Flächenerosion. Teilweise wurde und wird sogar Bergwald für die Schaffung von Weidefläche gerodet. Oder das Weidevieh schädigt durch den Verbiss an Jungpflanzen den bestehenden Wald (Bayerisches Landesamt für Wasserwirtschaft 2002).

Der direkte Eingriff in den Wildbach selbst erfolgt entweder durch neue Sportarten wie Canyoning und Kajakfahren, wodurch schließlich auch die letzten Rückzugsmöglichkeiten für Tiere und Pflanzen verloren gehen, oder durch die Energieerzeugung. Dabei wird Wasser aus den Wildbächen in Wasserkraftanlagen umgeleitet. Im eigentlichen Gewässerbett bleibt dadurch meist nicht mehr viel Wasser übrig. Außerdem werden die Durchgängigkeit des Gewässers und der Grundwasserstand beeinflusst (Burri & Binder 2001, Bayerisches Landesamt für Wasserwirtschaft 2002).

3.3 Gefahren

Naturgefahren wie Hochwässer in Wildbächen, Muren und Rutschungen sind natürliche Ereignisse. Naturrisiken (und beim Eintreten der Gefahren: Naturkatastrophen) entstehen erst dadurch, dass der Mensch die Gefahren ignoriert und sich zu nahe an die gefährdeten Bereiche heranwagt. Dadurch ist das Schadenspotenzial in den letzten Jahrzehnten stark angestiegen. Da Wildbachereignisse hochkomplexe Naturprozesse sind und zudem rasch und ohne jede Vorwarnung eintreten können, ist es trotz bester Computer-Modelle und Berechnungen noch immer sehr schwer, sie theoretisch zu erfassen und vorherzusagen (Bayrisches Landesamt für Wasserwirtschaft 2012, BMLFUW 2015).

Gefahrbildende Faktoren von Wildbächen (Bunza 1992, Kreikemeier et al. 2004, Bayrisches Landesamt für Wasserwirtschaft 2012) sind:

- Das Wasser erreicht durch das steile Gefälle in Wildbächen sehr hohe Geschwindigkeiten (>5m/s). Aufgrund der hohen Fließgeschwindigkeiten treten Wildbachereignisse überraschend schnell nach einem Starkregenereignis o.ä. ein. Außerdem ist dadurch die erodierende Wirkung auf Ufer und Sohle extrem hoch, was eine zusätzliche Erhöhung der Geschiebefracht zur Folge hat.
- Mitgeführtes Geschiebe in allen Korngrößen (von Tonpartikeln bis hin zu Felsblöcken) kann im Gerinne, auf dem Schwemmfächer oder im Vorfluter akkumuliert werden. Feststofffrachten von mehreren Tausend Kubikmetern pro Ereignis sind dabei keine Seltenheit
- Mitgeführtes Holz, welches an natürlichen und künstlichen (Brücken, Rohre,...) Engstellen zu Verklausungen führen kann. Dort staut sich das Wasser und sucht sich einen neuen Weg in unvorhersehbare, z.T. bebaute Bereiche. Oder die Verklausung bricht auf und lässt eine große Hochwasserwelle entstehen, welche deutlich mehr zerstörerische Kraft in sich trägt, als zuvor.

Das Gefahrenpotential von Wildbächen ist dabei auch wiederum von mehreren Faktoren abhängig (Kraus 1989):

- Alle unter Punkt 3.1 genannten Faktoren sowie deren Zustand und spezielle Wechselwirkungen untereinander beim jeweiligen Ereignis.
- Das Vorhandensein von gefährdeten Objekten im gesamten Wildbachsystem: Landwirtschaftsflächen, Infrastrukturanlagen, Siedlungen, Gewerbegebiete...
- Die Nähe der gefährdeten Objekte zum Wildbachwirkungsbereich.

Wildbäche können also eine gewaltige Zerstörungskraft entwickeln. Sie reißen Autos, Brücken, Straßen und Häuser mit sich, zerstören Wasserver- / -entsorgungsleitungen, lagern das mitgeführte Material auf landwirtschaftlichen Flächen und in Siedlungen ab und können durch ihre Unberechenbarkeit und ihre unglaublichen Kräfte auch Todesopfer fordern. Bei extrem starkem Eintrag von Geschiebematerial kann es in murfähigen Wildbächen zur Ausbildung von Muren kommen, welche ganze Siedlungen unter sich begraben können (Aulitzky 1980, Hübl et al. 2013, BMLFUW 2015).

Im Jahr 2013 wurden beispielsweise allein in Österreich 75% der Schäden durch Naturereignisse von Wildbächen verursacht. Lang andauernde Regenfälle waren in diesem

Jahr die Hauptursache für die Mehrzahl der Wildbachereignisse (72 %). Die restlichen 28% wurden durch Starkregenereignisse ausgelöst. Z.T. kommen jeweils noch Schmelzwässer oder Hagel als auslösende Faktoren hinzu. Die räumliche Verteilung der Intensitätsklassen von Wildbächen sind in Abb. 9 verdeutlicht. Am stärksten waren demnach 2013 Tirol, Salzburg und Oberösterreich betroffen. Hier sind die vorherrschenden Gesteine Kalk- und Dolomitsteine, Schluff, Mergel und Tone (Bayerisches Geologisches Landesamt 1996, Hübl et al. 2013).

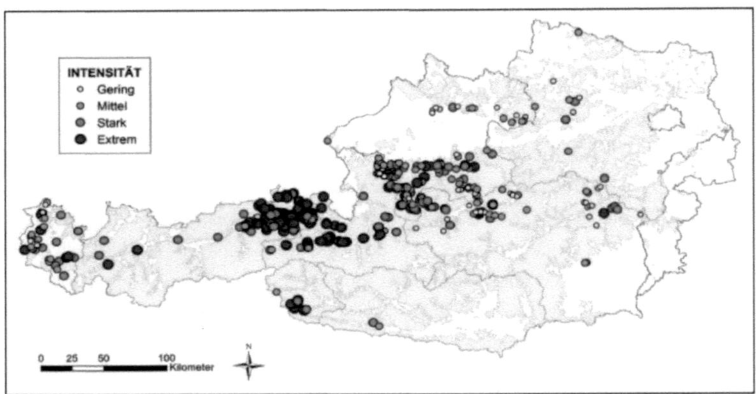

Abb. 9: Räumliche Verteilung der Wildbachereignisse von 2013 in Österreich, nach Intensitätsklassen aufgeteilt (Hübl et al. 2013, S. 11).

Abb. 10 zeigt die zeitliche Verteilung der aufgetretenen Wildbachereignisse. Das unterstreicht die unter Punkt 3.1 gemachten Angaben, dass in diesen Gesteinen extreme Wildbachereignisse entstehen können und das zumeist in den niederschlagreichsten Sommermonaten (hier bezogen auf die Nordalpen).

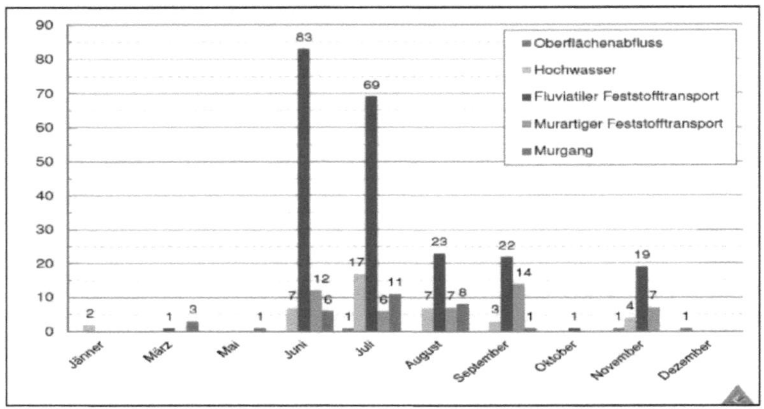

Abb. 10: Zeitliche Verteilung der dokumentierten Wildbachereignisse von 2012 in Österreich, nach Prozessart unterteilt (Hübl et al. 2012, S. 6).

3.4 Ein Beispiel – Der Lainbach bei Benediktbeuern

Das Einzugsgebiet des Lainbachs liegt im Grenzbereich zwischen den Nördlichen Kalk-alpen und der Flyschzone und umfasst eine Fläche von 18,4 km². Die Schmiedlaine (9,4 km²) und die Kotlaine (6,2 km²) bilden als Hauptbäche nach ihren Zusammenfluss den Lainbach. 32% des Einzugsgebietes werden durch Stausedimente der Würmeiszeit auf-gebaut (z.T. 150 m mächtig), welche örtlich von Moränenablagerungen bedeckt, stark verdichtet und großflächig durchnässt sind. Darin hat sich der Lainbach in Form eines Kerbtales bis zum anstehenden Gestein eingeschnitten. Anbrüche und Hangbewegungen im Bereich der Oberläufe füllen die Feststoffherde des Lainbachs. Durch die Lage am Nordrand der Alpen (Staulage) fallen ganzjährig große Niederschlagsmengen (Jahres-mittel für 1972-1983: 2148 mm, vgl. Felix et al. 1988). Starkregenereignisse treten ins-besondere in den Sommermonaten Juli und August durch konvektive Luftmassen-bewegungen auf. Flächiger Wasserrückhalt ist aufgrund unzureichender Kraut- und Strauchschicht, mangelnder Waldverjüngung und ungünstiger Bodenverhältnisse (hydro-morphe Böden) nicht in ausreichender Form gegeben. Dies hat bei Starkregen ins-besondere entlang von Tiefenlinien extreme Oberflächenabflüsse und dadurch geschiebereiche Hochwässer und Muren zur Folge (Wetzel 1994, Bunza et al. 2004).

Am 30. Juni 1990 fielen in nur 40 Minuten 90 mm Niederschlag, was im Lainbach Abflussspitzen von bis zu 210 m³/s verursachte und mit einer Jährlichkeit von 600-900 Jahren auftritt. Es waren dadurch (v.a. im Ortsteil Ried) 45 Häuser und 16 Autos über-schwemmt worden. An der Bundesstraße 11 und der nahegelegenen Bahnlinie ent-standen hauptsächlich aufgrund von Verklausungen an den Brücken extreme Schäden durch Feststoffe und Wildholz. Messstege, Deiche, Ufersicherungen, Sohlschwellen und Brücken wurden beschädigt oder komplett zerstört. Der Sachschaden belief sich damals auf ca. 3,5 Mio. DM. Abb. 11 zeigt den Schwemmfächer des Lainbachs, die darauf erbauten Ortschaften und Infrastruktur sowie deren überschwemmte Bereiche. (Wetzel 1994, Wagner 2004, HANG 2004).

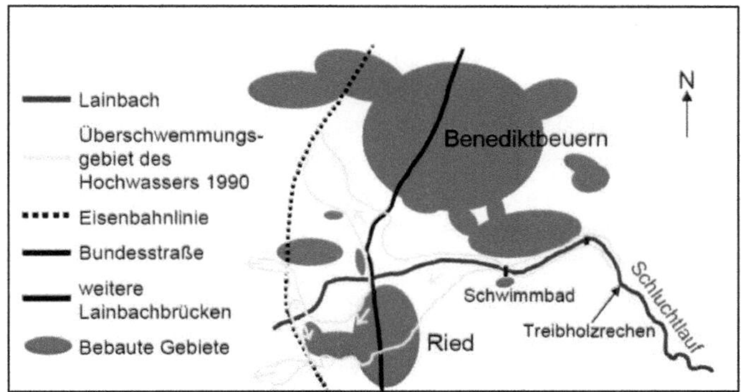

Abb. 11: Skizze von Benediktbeuern und dem Ortsteil Ried, mit der Ausdehnung des Überschwemmungsgebietes beim Hochwasser 1990 (Wagner 2004, S. 44).

Nach dem Pfingsthochwasser 1999 (wodurch erneut hohe Schäden zu verzeichnen waren) wurde im Jahre 2000 mit wildbachkundlichen Untersuchungen sowie mit Abfluss- und Feststofftransport-Modellierungen begonnen. Obwohl bereits 1985 mit dem Verbau des Lainbachs begonnen wurde, haben die Modellversuche von Bunza et al. (2004) gezeigt, dass weitere Maßnahmen unumgänglich sind. Werden die bisher durchgeführten Wildbach-Verbauungsprojekte und das große Schadenspotenzial berücksichtigt, so zeigt sich, dass zur Gefahrenabwehr integrale Schutzmaßnahmen an erster Stelle stehen sollten (Bunza et al. 2004).

4 Schutz vor Wildbächen

Gerade hinsichtlich der bereits genannten Probleme und Risiken stellt sich die Frage nach einem adäquaten Umgang mit Wildbächen. Wo Wildbäche und die von ihnen ausgehenden Gefahren das Leben des Menschen betreffen, versucht er seit jeher, diesen wirksam entgegenzutreten. Die Strategien dazu haben sich über die Jahre stark verändert, weshalb zunächst ein Blick in die Geschichte der Wildbachverbauung lohnt, bevor auf Zuständigkeiten, Konzepte und Möglichkeiten der heutigen Zeit konkret eingegangen wird.

4.1 Geschichtliches

Es ist nach heutigem Stand anzunehmen, dass die Anfänge der Wildbachverbauung bis in die Römerzeit zurückgehen, wo die Bauten vermutlich dem Schutz der Straßen dienten. Später dann, ab dem 6. Jahrhundert n.Chr. wurde der Alpenraum sukzessive von den Bajuwaren und Alemannen besiedelt. Da sie sich, um den Überschwemmungen der Talflüsse zu entgehen, in höher gelegenen Tälern oder auf Schuttkegeln niederließen, waren sie damit den Gefahren der Wildbäche umso stärker ausgesetzt. Daher werden auch für diesen Zeitraum einfache Verbauungen zum Schutz der Holz- und Viehwirtschaft vermutet. Eine erste Erwähnung solcher Schutzbauten findet sich schließlich im Mittelalter, aus dem Jahr 1277 – dort ist von der Zerstörung der „Wassermauern" an der Talfer bei Trient in einer Auseinandersetzung zwischen Bischof Heinrich von Trient und Graf Meinrad dem II. von Tirol die Rede. Solche Maßnahmen waren aber bis in die Frühe Neuzeit hinein ausschließlich auf private Unterfangen oder Nachbarschaftshilfe zurückzuführen, denn erst etwa ab dem 16. Jahrhundert finden sich organisatorische Strukturen – zumeist dort, wo sie der Flößerei oder dem Salzabbau zu Gute kamen. Entsprechend fiel die Zuständigkeit in den Bereich der staatlichen Forstverwaltung oder aber der Salinenverwaltungen im Berchtesgadener Land, die ersten systematisch angelegten Bauwerke waren Längsverbauungen oder auch die bereits erwähnten Triftklausen (vgl. Kapitel 3.2). Während der nachfolgenden Jahrhunderte wuchs die Weltbevölkerung immer weiter an und erreichte um 1800 schließlich 1 Milliarde. Mit diesem Anstieg ging als logische Konsequenz auch ein erhöhter Siedlungsdruck in den Alpengebieten einher, der sich im 18. Jahrhundert zunächst vor allem in einem steigenden Flächenbedarf für

Landwirtschaft, Holzwirtschaft und Viehzucht niederschlug. Später folgte dann mit der florierenden Industrie und Wirtschaft der Ausbau von Handels- und Verkehrswegen, die es ebenfalls zu schützen galt. Und somit wurden in dieser Zeit auch die Grundsteine für ein später vollumfänglich staatlich organisiertes Verbauungswesen gelegt: Die Arbeiten des 1790 durch Kurfürst Karl Theodor zum General Straßen- und Wasserbaudirektor berufenen Adrian von Riedl („Stromatlas von Bayern") sowie des 1806 zum Leiter des Straßen- und Wasserbauwesens in Tirol ernannten Georg Freiherr von Aretin („Über Bergfälle und die Mittel denselben vorzubeugen oder wenigstens ihre Schädlichkeit zu vermindern") generierten das nötige systematische Wissen. Allerdings mangelte es zu diesem Zeitpunkt noch an rechtlichen Grundlagen und Fragen der Finanzierung, sodass die ersten staatlichen Programme zur Wildbachverbauung erst Jahrzehnte später entstanden. Den Vorreiter bildete 1847 Frankreich, dem die k. u. k. Monarchie Österreichs im Jahr 1884 nachfolgte – lediglich Bayern ließ auf sich warten. Zwar existierte hier seit 1852 ein Wassergesetz, dieses aber enthielt vor allem Regelungen über die Gewässernutzung. Erst ein folgenschweres Hochwasser im Jahr 1899 sollte dem daraufhin eingesetzten Hochwasserausschuss schließlich Grund genug bieten, eine eindeutige Empfehlung zur verstärkten Wildbachverbauung auszusprechen (Bayerisches Landesamt für Wasserwirtschaft 2002). Diese Empfehlung wurde dann am 9. August 1902 per königlicher Verordnung auch umgesetzt und zwei Sektionen für Wildbachverbauung übernahmen fortan die Verantwortung für das östliche (Sektion Rosenheim) bzw. westliche Bayern (Sektion Kempten). Unter der Trägerschaft der Wasserwirtschaftsverwaltung und in (bis heute andauernder) enger Zusammenarbeit mit der Forstverwaltung wurde der Ausbau von rund 1500km Wildbächen forciert. Mit dem Wassergesetz von 1907 wurden die Zuständigkeiten neu geregelt – die Verantwortung für den Wildbachausbau und den Unterhalt der Bauten wurde komplett den Gemeinden zugesprochen – und die Finanzierung geklärt – 50% werden durch staatliche Zuschüsse gedeckt, 25-30% durch die Bezirke, der Rest durch die Beteiligten. Während zur Zeit des 1. Weltkrieges die Bauvorhaben fast zum Erliegen kamen, brachte der Arbeitsdienst im Nationalsozialismus ab 1933 eine kurze und intensive Phase des Fortschritts, in welcher auch Großprojekte wie etwa am Lainbach bei Benediktbeuern umgesetzt wurden. Der anschließende 2. Weltkrieg und die Nachkriegszeit bis in die 1950er Jahre waren durch einen deutlichen Rückgang der Verbauungsunterfangen geprägt. Zwar bestand die grundlegende Notwendigkeit, nicht zuletzt verdeutlicht durch diverse Hochwasserereignisse in dieser Zeit. Jedoch erlaubten es die Bedingungen nicht, entsprechende Maßnahmen zu ergreifen und auch die Bevölkerung nahm stetig ab. Erst mit dem Boom des Alpentourismus und Transitverkehrs lebte die Wildbachverbauung wieder intensiv auf und entwickelt sich auch heute durch den nach wie vor zunehmenden Siedlungsdruck stetig weiter (Bayerisches Landesamt für Wasserwirtschaft 2002).

4.2 Zuständigkeiten

Wie der Blick in die Geschichte der Wildbachverbauung in Bayern bereits zeigt, ist es auch die Frage nach der Zuständigkeit, die über die vielen Jahre immer wieder im Mittelpunkt stand. In der heutigen Zeit, da in allen Alpenländern staatlich organisierte Strukturen zur Wildbachverbauung existieren, sind dort auch die Verantwortlichkeiten einheitlich geregelt. Diese sollen für den Bayerischen Alpenraum sowie für Österreich, welches den größten Anteil an den Alpen besitzt, nachfolgend dargestellt werden.

In Bayern besteht das aktuelle Recht seit der Mitte des 20. Jahrhunderts, dort wurde am 27. Juli 1953 das Gesetz „Zur Vereinfachung der staatlichen Bauverwaltung" erlassen, mit welchem die Aufgaben der Wildbachverbauung von den ehemaligen Sektionen Rosenheim und Kempten auf die heutigen **Wasserwirtschaftsämter** übertragen wurden. Ihnen kommt der Aufgabenbereich der Planung und Ausführung von entsprechenden Maßnahmen auch bis heute zu. Eine letzte wichtige Änderung trat mit dem Bayerischen Wassergesetz vom 26. Juli 1962 in Kraft, denn hier wurden Wildbäche erstmals als eigene Gewässer gefasst – und zwar hier bereits mit den in Kapitel 2.1 beschriebenen Definitionskriterien – und werden seit 1963 durch die Wasserwirtschaftsämter in Wildbachverzeichnissen gelistet. Wildbäche gelten zunächst grundsätzlich als kleine Gewässer oder Gewässer III. Ordnung und liegen als solche in der Unterhaltungslast der Gemeinden. Wenn ein Gewässer die oben genannten Kriterien erfüllt, womit es offiziell als Wildbach anerkannt und in einem Kataster der Wasserwirtschaftsämter geführt wird, dann geht damit auch die Ausbauverpflichtung automatisch an den Freistaat Bayern über (Bayerisches Landesamt für Wasserwirtschaft 2002, Wagner 2004, CIPRA Deutschland 2011). Der Freistaat ist dann mit 75-90% an der Finanzierung der Maßnahmen beteiligt, die jeweiligen Begünstigten tragen 10-25%. Die bayerischen Wasserwirtschaftsämter werden bei der Ausführung ihrer Aufgaben von verschiedenen Seiten zusätzlich unterstützt: für Beratungen in fachlich-planerischer Hinsicht ist dies die Abteilung für Gewässerentwicklung und Wasserbau am Landesamt für Wasserwirtschaft, für geologische Belange wie etwa Hang- und Felsbewegungen – sofern sie in das Einzugsgebiet eines Wildbaches fallen – wird der Geologische Dienst hinzugezogen. Und die Umsetzung des Bayerischen Wassergesetzes fällt in die Zuständigkeit der Kreisverwaltungsbehörden. Sie sind auch für die Organisation des Katastrophenschutzes verantwortlich, wobei im Katastrophenfall der jeweilige Bürgermeister die Einsatzleitung übernimmt (Wagner 2004).

In Österreich fällt der Schutz vor Wildbächen per Verfassung dem Bund zu. Ausgeübt wird diese Aufgabe durch den **Forsttechnischen Dienst für Wildbach- und Lawinenverbauung** auf der Grundlage des Forstgesetzes von 1975. Seine Dienststellen sind in sieben Sektionsleitungen der Bundesländer sowie drei technischen Stabsstellen organisiert. Die Wildbach- und Lawinenverbauung (WLV) erstellt Gefahrenzonenpläne und Gutachten für Bürger, Gemeinden und Wassergenossenschaften, überwacht Wildbacheinzugsgebiete und Schutzbauwerke, übernimmt die Aufbereitung und Bereitstellung entsprechender Daten und plant Schutzprojekte. Auch die Finanzierung und Durch-führung dieser Projekte zählt zum Aufgabenbereich der WLV, wobei die nötigen Mittel (auf Basis des Katastrophenfondsgesetzes sowie Wasserbautenförderungsgesetzes) aus einem eigens eingerichteten Katastrophenfonds des Bundes bezogen werden. Im Katastrophenfall entscheidet die WLV auch über zu treffende Sofortmaßnahmen, dennoch werden die Maßnahmen auch zu einem entscheidenden Anteil von den Bundes-ländern mitgetragen, etwa durch den zivilen Katastrophenschutz oder die Organisation von Warnung, Alarm und Evakuierung. Nicht direkt mit den Wildbachmaßnahmen be-fasst, aber dennoch von Bedeutung ist die Bundeswasserbauverwaltung, die in den Tälern und niederen Lagen für den Bau, Betrieb und Erhalt von Hochwasser-schutzmaßnahmen zuständig ist, sowie für die Gewässerbetreuung, Ausweisung von Gefahrenzonen und Hochwasserabflussgebieten. Beide Institutionen kooperieren eng mit weiteren wichtigen Behörden wie etwa dem Hydrographischen Dienst, den Landesforst-diensten und -warnzentralen, der Zentralanstalt für Meteorologie und Geodynamik, den Feuerwehren oder den Bürgermeistern (BMLFUW 2012, BMLFUW 2015).

4.3 Schutzmaßnahmen

Wie die folgenden Abschnitte zeigen werden, existiert eine ganze Reihe an praktikablen Schutzmaßnahmen gegen die von Wildbächen ausgehenden Gefahren – sei es durch die vielfach bereits erwähnte technische Verbauung der Gewässer, forstlich-ökologische Maßnahmen, die schlichte systematische Meidung gefährdeter Gebiete oder im besten Fall umfassende integrale Konzepte. Grundsätzlich sollte bei all den Möglichkeiten, über die der Mensch verfügt, stets bewusst sein, dass die Natur auch durch das stärkste Bestreben nie völlig beherrschbar sein wird. Nicht zuletzt deshalb sind die zuständigen Stellen auch dazu übergegangen, trotz vielfacher Aufforderung durch Betroffene nur dort zu handeln, wo die Notwendigkeit und der zu erwartende Nutzen den Aufwand deutlich übertreffen (Bayerisches Landesamt für Wasserwirtschaft 2002).

4.3.1 Aktiver Schutz

Ist vom Schutz vor Wildbachgefahren die Rede, dann ist die meist naheliegendste Assoziation jene der technischen Wildbachverbauung, wohl auch deshalb, weil sie den weitaus größten Anteil der umgesetzten Maßnahmen ausmacht – in Bayern lassen sich rund 45.000 Schutzbauwerke zählen, davon allein etwa 15.000 Sperren (Rimböck et al. 2012). Grundsätzlich sind damit alle Arten von Schutzbauwerken entlang eines Wildbaches gemeint. Sie sollen die zerstörerische Kraft der Bäche mindern oder die Wahrscheinlichkeit von Ereignissen verringern, indem sie die Entstehungs- und/oder Verlagerungsprozesse beeinflussen, diese umgehen, die gefährliche Fracht zurückhalten oder das zu schützende Gebiet umgehen (Suda 2008, Hübl et al. 2011). Ein wohl gleichermaßen bekanntes wie beeindruckendes Bild ist das der quer zum Bachbett errichteten Geschiebestausperren (auch Murfangsperren oder Murbrecher, siehe Abb. 12 links), die die Feststofffracht der Muren zurückhalten und das Wasser passieren lassen.

Auch die hölzernen oder steinernen Sperrentreppen (siehe Abb. 12 rechts) zählen vom Funktionsprinzip her zu den ältesten Schutzbauwerken. Sie verlangsamen die Fließgeschwindigkeit des Wassers, sodass die Erosion und Mitführung von Feststoffen gehemmt wird (Lehmann 1879, Böll et al. 2008, Hübl et al. 2011, BMLFUW 2012).

Abb. 12: Links: Geschiebestausperre im Schechen & rechts: Sperrentreppen im Wilerlibach oberhalb von Bürglen im Kanton Uri (aus Böll et al. 2008, Aufnahmen: H. Duss 2005, S. 40 & 46).

Neben ihnen existiert noch eine Reihe weiterer Schutzbauwerke, welche grundsätzlich in punktuelle, Linien- oder Flächenwirkung einteilbar sind (Suda 2008). Von ihnen sind die wichtigsten in Tab. 4 zusammengefasst und in ihre Wirkungsbereiche unterteilt.

Tab. 4: Schutzbauwerke vor Wildbachgefahren (verändert nach Hübl et al. 2011).

	Wildbach – Mure	Wildbach – Hochwasser
Bauwerke verhindern Gefahren direkt am Entstehungsort & bekämpfen die Auswirkungen	Konsolidierungsschwellen Grundschwellen Sohlgurte Rampen Buhnen	Hochwasserschutz- und Leitdämme Absturzbauwerke Grundschwellen Sohlgurte Rampen Buhnen
Bauwerke bekämpfen die Auswirkungen	Ingenieurbiologischer Uferschutz Retentionssperren Absturzbauwerke Bremsbauwerke Dosiersperren Murbrecher Ufermauern	Ingenieurbiologischer Uferschutz Hochwasserrückhaltebecken Mobiler Hochwasserschutz Ufermauern Flutmulde
Gefahren direkt am Entstehungsort verhindern		Anbindung Auen

Aktiver Schutz gegen Wildbachgefahren fängt aber bereits an, noch weit bevor Beton und Stahl zum Einsatz kommen. Der Wald besitzt im Gebirge eine immense natürliche Schutzwirkung – die Schutzwälder machen in Österreich de facto 20% der gesamten Waldfläche aus. Daher ist die Schutzwaldpflege von immenser Bedeutung. Bestehende Bruch- und Rutschungsflächen sowie Hochlagen müssen wieder aufgeforstet werden und der bestehende Schutzwald ist adäquat zu pflegen und zu bewirtschaften. Dazu zählt etwa die Pflanzung tiefwurzelnder Bäume, die Reduzierung von Wildschäden, die Verlagerung von Weideflächen in weniger erosionsanfällige Gebiete, die Schaffung von Mischkulturen u.v.m. Zusätzlich sind unterstützende technische Maßnahmen (z.B. zur Stabilisierung) zu ergreifen (Hübl et al. 2011). Darüber hinaus kommt auch den sogenannten ingenieurbiologischen Maßnahmen große Bedeutung zu. Gemeint sind damit Verbauungen des Gerinnes oder betroffener Hänge mit Pflanzen als „Baustoff", also Begrünungen und Bebuschungen. Sie stabilisieren Ufer und Böschungen gegen gravitativen oder fluviatilen Abtrag und wirken somit dem Eintrag von mitführbaren Feststoffen in den Wildbach entgegen (Lehmann 1879, Hübl et al. 2011). Allen aktiv wirkenden Schutzmaßnahmen liegt dabei durch die EU-Wasserrahmenrichtlinie ein „Verschlechterungsverbot" zu Grunde – d.h. bei jedem Eingriff muss, nötigenfalls durch kompensatorische Maßnahmen, der ökologische Zustand des Gewässers erhalten bleiben (Hübl et al. 2011).

4.3.2 Passiver Schutz

Prinzipiell sind unter passivem Schutz all jene Maßnahmen, Handlungen und Verhaltensweisen zu verstehen, die potenzielle Schäden durch Vorsorge von vornherein vermeiden oder reduzieren oder aber die Schadensempfindlichkeit der Betroffenen (bzw. deren Bauwerke, Güter etc.) mindern (Wagner 2004, Holub 2006, Hübl et al. 2011). Solche präventiven Strategien lassen sich in der Regel drei unterschiedlichen Bereichen zuordnen:

Flächenvorsorge meint eine an die Risiken und Gefahren angepasste Landnutzung sowie die Schaffung und Freihaltung natürlicher Rückhalteräume. Gerade hinsichtlich der Wildbachproblematik ist hier aber vor allem das raumplanerische Instrument der Gefahrenzonenplanung hervorzuheben. Dabei werden Flächen im Gebiet eines Wildbaches durch Gutachten hinsichtlich ihrer Gefährdung und Verwundbarkeit (durch z.B. fließendes Wasser, Mur- und Erdströme oder rückschreitende Erosion) eingeschätzt und als entsprechend freizuhaltende, bebaubare, bedingt bebaubare usw. Zonen ausgewiesen. Österreich kommt dabei die Vorreiterrolle zu, denn dort gibt es bereits seit den 1970er Jahren eine systematische Gefahrenzonenplanung in der Obliegenheit des Bundes (siehe Abb. 13). Als Bemessungsgrundlage dienen dabei für das jeweilige Gewässer die Ausmaße eines 150-jährigen sowie häufigen (alle 1 bis 10 Jahre) Ereignisses. Während andere Alpenländer wie Italien, Slowenien, die Schweiz oder Liechtenstein in den vergangenen Jahrzehnten ähnliche Zonenplanungskonzepte umgesetzt haben, gibt es in Bayern bis heute keine Gefahrenzonenplanung, da die rechtlichen und organisatorischen

Grundlagen hierfür noch nicht existieren. Lediglich eine Bauverbotszone für Über-
schwemmungsgebiete innerhalb der Anschlagslinie des HQ100 kann hier ausgewiesen
werden, kombiniert mit Einzelgutachten zur Gefährdungssituation bestimmter Objekte
(Holub 2006, Hübl et al. 2011, BMLFUW 2012).

**Abb. 13: Gefahrenzonenplanung an Wildbach- und Lawinengebieten in Österreich
(BMLFUW 2012, S. 10).**

Die **Bauvorsorge** bezieht sich auf einzelne Objekte und meint deren gefahren-
angepasste Bauweise und Nutzung. So sollen Gebäude durch bauliche Maßnahmen
etwa vor den typischen Schäden durch Muren geschützt bzw. der zu erwartende
Schaden minimiert werden, indem z.B. die Außenwände gegen Anprall und Reibung der
Murfracht stabilisiert werden. Zusätzlich kann die Anordnung der Räume mit eher
längerer Nutzungsdauer (wie etwa Wohn- und Schlafzimmer) in den vom Gefahrenherd
abgewandten Teilen des Hauses die Bewohner vor Schaden bewahren (Holub 2006,
BMLFUW 2015).

Unter **Verhaltensvorsorge** ist die grundsätzliche Akzeptanz von Naturgefahren und
damit im besten Fall ein Nachgeben gegenüber diesen durch die Bevölkerung zu verstehen. Das heißt, die Bürger sollen ein Bewusstsein für die Unvermeidbarkeit, Natürlich-
keit und nicht zuletzt die Bedeutung und Ausmaße solcher Gefahren und auf dieser
Grundlage auch entsprechende Einstellungen und Verhaltensweisen entwickeln. Diesem
Zweck dienen auch offizielle Informationsangebote wie Fachliteratur oder Informations-
stellen. Ein solches Angebot stellt auch der „Informationsdienst Alpine Naturgefahren"
(erreichbar unter http://www.bis.bayern.de/bis/initParams.do) des Bayerischen Landesamtes für Umwelt dar, der dem Nutzer ein interaktives Verzeichnis von Naturereignissen
auf Basis einer GIS-Anwendung präsentiert. Zur Verhaltensvorsorge sind aber auch im
Vorfeld geplante Handlungs- und Verhaltenskonzepte wie etwa Alarm-, Einsatz-,

Evakuierungs- und Katastrophenschutzpläne zu zählen, die im Krisenfall unverzichtbar sind (Holub 2006, Hübl et al. 2011).

4.3.3 Integrale Schutzkonzepte

Gerade in der jüngsten Zeit hat das Prinzip der Nachhaltigkeit an Bedeutung gewonnen. Vor diesem Hintergrund haben sich auch im Wildbachmanagement viele sinnvolle Entwicklungen (im Einklang mit der „Agenda 21" sowie der EU-Wasserrahmenrichtlinie) ergeben, so z.B. der Wandel von massiven Eingriffen mit Betonbauten hin zum naturnahen ökologischen Ausbau, der besonders etwa auf die bereits erwähnten ingenieurbiologischen Maßnahmen zurückgreift, aber auch den Rückbau oder kontrollierten Verfall überholter Bauten mit einschließt (Bayerisches Landesamt für Wasserwirtschaft 2002, BMLFUW 2012). Nachhaltiger Schutz vor Wildbächen bedeutet aber auch, effizientere, funktionstüchtigere Schutzsysteme zu schaffen – ein Anspruch, dem sowohl die genannten aktiven als auch passiven Maßnahmen für sich genommen nur schwer genügen können. Daher ist man in den vergangenen Jahren dazu übergegangen, integrale Schutzkonzepte (auch „integratives Risikomanagement") zu entwickeln. Sie zielen darauf ab, die vielen verfügbaren Mittel und Möglichkeiten unter Zusammenarbeit aller Betroffenen sinnvoll und optimal aufeinander abgestimmt einzusetzen, sei es zur Vermeidung, Akzeptanz oder Bekämpfung von Risiken. Konkret bedeutet das eine Kombination von aktiven Maßnahmen wie Verbauungen oder Schutzwaldsanierung und passiven, etwa in Form von Monitoring oder Evakuierungsplänen (siehe Abb. 14).

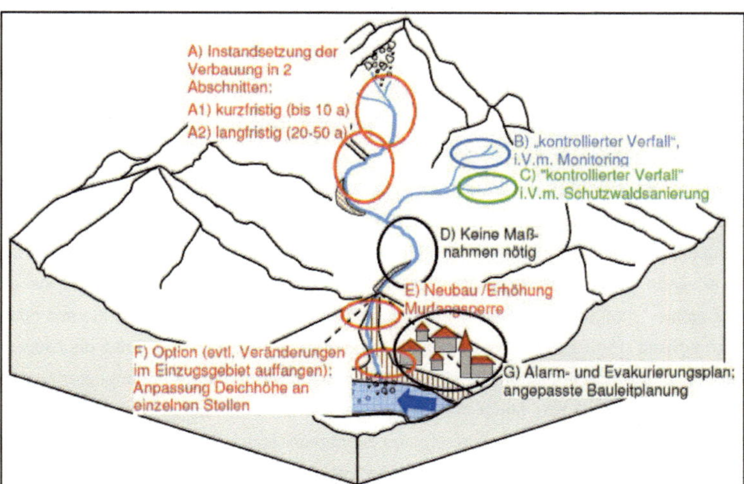

Abb. 14: Schematische Darstellung eines integrativen Wildbachkonzeptes (Rimböck et al. 2012, S. 1064).

Das integrative Risikomanagement wird dabei oft als ein System verstanden, dem ein zyklischer Prozess zu Grunde liegt (siehe Abb. 15). Diesem „Risikokreislauf" folgend erfahren die heute bestehenden Schutzkonzepte fortlaufende Verbesserungen mit dem Ziel eines optimalen Schutzes für das betroffene Gebiet (Weiss 2003, Holub 2006, Suda 2008, Hübl et al. 2011, Rimböck et al. 2012).

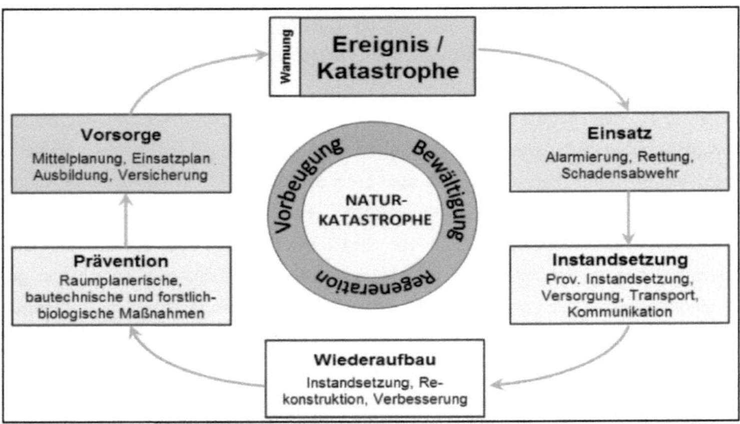

Abb. 15: Der „Risikokreislauf" (Hübl et al. 2011, S. 64).

5 Klimawandel

Das Klima bestimmt die Abläufe in einem Wildbachsystem entscheidend mit. Ändert sich das Klima, so werden auch Wildbäche früher oder später darauf reagieren.

Laut IPCC (Intergovernmental Panel on Climate Change) wird die globale Durchschnittstemperatur in den nächsten 100 Jahren je nach Szenario um 1,4 bis 5,8° Celsius ansteigen. Laut eines „mittleren" Szenarios (Zunahme der Emissionen bis Mitte des 21. Jahrhunderts, anschließend leichte Abnahme –IPCC-Szenario A1B), welches im Rahmen des EU-Projekts AdaptAlp berechnet wurde, ist für den Alpenraum ein relativ stärkerer Temperaturanstieg bis 2100 von 3,5° Celsius gegenüber der Referenzperiode 1971-2000 zu erwarten. Beispielsweise werden (bei diesem vergleichsweise gemäßigten Szenario) im Sommer 2060 an den Tessiner Seen bereits Temperaturen wie heute in Florenz oder Rom erreicht (Probst 2014). Im Zusammenhang damit verändert sich ebenso die Niederschlagsverteilung. Zum einen hat sich bereits in Teilen der Alpen die Schneegrenze seit den 1960er Jahren 300 Meter nach oben verlagert, zum anderen werden Sommerniederschläge ab- und Winterniederschläge zunehmen. Das bedeutet, dass es im Winter mehr Niederschlag geben wird, aber seltener als Schnee, sondern in Form von Regen. Infolgedessen sind v.a. in den Wintermonaten verstärkte Abflüsse und dadurch wiederum häufigere Hochwasser- und/ oder Murereignisse zu erwarten (Wetzel et al. 2006, ClimChAlp 2008, CIPRA Deutschland 2011, Hübl et al. 2011).

Mit der Klimaänderung geht auch das Abschmelzen des Permafrosts und der Gletscher in den Hochlagen und damit eine Intensivierung der Erosionsleistung einher. Das könnte zur Folge haben, dass in Zukunft insbesondere in den Hochlagen Muren entstehen. Aber auch eine Zunahme der Steinschlag- und Felssturzgefahr ist nicht auszuschließen. Ein weiteres Szenario prognostiziert eine Verschlechterung des Waldzustandes durch die wärmeren Winter und die trockeneren Sommer. Bunza (1989) prognostiziert in Folge der großflächigen Waldverluste besonders folgenschwere Veränderungen im Abfluss- und Abtragsgeschehen. Zwar nicht in den ersten Jahren nach großflächigen Verlusten, da im Boden verbliebene Wurzelstöcke die Grobporen zunächst noch erhalten können. Allerdings wird aufgrund fehlender Interzeption und Evapotranspiration vielerorts mit erhöhten Einsickerungsraten zu rechnen sein, was dann wiederum Massenbewegungen wie z.B. Rutschungen begünstigt und somit wesentlich zur Bildung von Feststoffherden beiträgt (Bayerisches Landesamt für Wasserwirtschaft 2002, Wetzel et al. 2006, BMLFUW 2012).

Der Alpenraum wird wegen den labilen geologischen Verhältnissen, den sensiblen Lebensräumen und dem oft steilen Relief zu den Gebieten mit der größten Vulnerabilität gezählt. Eine starke Zunahme von Naturkatastrophen kann allerdings aufgrund unzureichender Datenlage und mangels hinreichend genauer Klimamodelle auf regionaler Ebene nicht belegt werden. Die Unsicherheiten betreffen dabei weniger die Veränderungen der Temperaturen, sondern vielmehr das zukünftige Niederschlagsgeschehen. Als einigermaßen sicher gilt hingegen, dass es eine deutlich höhere Variabilität der Hochwasserkennwerte geben wird. Genaue Prognosen sind also aufgrund der kleinräumigen Ausdehnung von meteorologischen Extremereignissen sehr schwierig. Gerade deshalb gilt es, auf diese Extremereignisse gut vorbereitet zu sein (Hübl et al. 2011, CIPRA Deutschland 2011, Probst 2014).

6 Zusammenfassung

Die Gefährlichkeit von Wildbächen wird oft unterschätzt, da sie normalerweise unauffällig und wunderschön in einer idyllischen Landschaft in ihrem Bachbett dahin fließen. Die oft sogar tödliche Gefahr geht mit der Unberechenbarkeit einher: schnell wechselnde Wasserstände, hohe Feststoffführung, starkes Gefälle und dadurch hohe Fließgeschwindigkeiten machen den Wildbach schwer abschätzbar. Die unterschiedlichen Wildbachklassifikationen beschäftigen sich indirekt alle mit der Gefahr, die von Wildbächen ausgeht, da v.a. eine bessere Einschätzbarkeit ermöglicht werden soll, um so eindeutiger über eine adäquate Art der Verbauung entscheiden zu können. Klassifikationen entstehen durch das Kategorisieren anhand der Feststoffherde (Alter), nach der Murfähigkeit und der vorherrschenden Art der Erosionsvorgänge im Einzugsgebiet oder nach der Beeinflussbarkeit von Wildbächen durch den Menschen sowie den geologisch-morphologischen Ausgangsbedingungen.

Entscheidend für die Art und Weise, wie sich ein Wildbach entwickelt, sind v.a. der Aufbau und der Zustand des Einzugsgebietes sowie der Durchflussstrecke. Je nachdem,

welche Ausgangsvoraussetzungen gegeben sind, unterscheidet sich die Wildbachentwicklung in Zeit und Dimension. Wichtig dabei ist, dass verschiedene Faktoren
zur Bildung von Hochwasser und Feststoffherden führen und diese in enger
Wechselwirkung untereinander stehen:

- Geologie: Art, Alter und Festigkeit der Ausgangsgesteine (besonders wichtig: pleisto-
  zäne Ablagerungen) spielen neben tektonischen Bewegungen die wichtigste Rolle.
- Geomorphologie: Das Relief, die Art des Massenabtrages sowie die Erosivität haben
  unterschiedliche Entwicklungsmöglichkeiten zur Folge.
- Wasser: Die Mengen an Sickerwasser, der Vernässungsgrad und wie viel
  Oberflächenabfluss entsteht, sind zentrale Faktoren bei der Wildbachentwicklung.
- Klima:
  - Welche Art von Niederschlag fällt? (Starkregen, Dauerregen und/oder Hagel).
  - Wie hoch sind die Temperaturen? (Fällt also Regen oder Schnee?)
  - Die Temperatur wirkt sich auf den Boden und die Vegetation aus.
  - Regionale Unterschiede: Nordalpen (v.a. Sommerniederschläge),
                                   Südalpen (v.a. Starkregen im Spätherbst).
  - Allgemein ansteigende Niederschläge mit der Höhe.
- Mensch:
  - Enormer Einfluss auf die Vegetation (v.a. Waldbestand und Unterwuchs).
  - Bodenversiegelung (durch die Landwirtschaft, aber insbesondere auch durch die
    touristische Inwertsetzung: Straßenausbau, Skipisten, neue Siedlungsräume,…)

Der Mensch nutzt aber auch die Vorzüge eines Wildbaches. Früher diente die Kraft des
Wassers v.a. zum Holztransport oder zur Energiegewinnung durch Wasserräder. In den
Einzugsgebieten wird auch heute noch Almwirtschaft betrieben. Freizeitbeschäftigungen
wie Canyoning, aber auch Wandern auf befestigten Wegen im Wildbachtal sind groß im
Kommen. Ebenso spielt noch immer die Energieerzeugung eine große Rolle. Zudem
dienen viele Schwemmfächer als kostbarer Siedlungs- und Landwirtschaftsbereich.

Dabei ist aber gerade dadurch das Schadenspotential in den letzten Jahrzehnten deutlich
angestiegen. Wildbäche zerstören menschliche Bauten, fordern Todesopfer und hinter-
lassen Schäden in Millionenhöhe. Der einzig wirksame Schutz gegen Wildbachschäden
ist das Meiden der gefährdeten Gebiete. Auch Verbauungen jeglicher Art werden niemals
einen hundertprozentigen Schutz bieten, insbesondere in Hinblick auf die zunehmende
Siedlungstätigkeit und die zu erwartenden Änderungen des Klimas. Es ist mit einer
Verschiebung der Niederschlagsverteilung sowie der Zunahme an Extremniederschlägen
und dadurch einer erhöhten Murtätigkeit in Wildbächen zu rechnen.

Wildbäche waren in der Vergangenheit schon unberechenbar und werden es auch in
Zukunft bleiben.

Literaturverzeichnis

Aulitzky H. (1980): Preliminary Two-fold Classification of Torrents. Vienna.

Aulitzky H. (1986): Über den Einfluß naturräumlicher Gegebenheiten auf Erosion und Wildbachtätigkeit in Österreich. In: Umweltgeologie-Band 79. Wien, S. 45-62.

Bayerisches Geologisches Landesamt (1996): Geologische Karte von Bayern 1:500000. München.

Bayerisches Landesamt für Wasserwirtschaft [Hrsg.] (2002): Spektrum Wasser 3, Wildbäche. Faszination und Gefahr. München.

BMLFUW, Bundesministerium für Land- und Forstwirtschaft, Umwelt und Wasserwirtschaft (2012): Wildbach- und Lawinenverbauung in Österreich. Wien.

BMLFUW, Bundesministerium für Land- und Forstwirtschaft, Umwelt und Wasserwirtschaft (2015): Leben mit Naturgefahren. Ratgeber für die Eigenvorsorge bei Hochwasser, Muren, Lawinen, Steinschlag und Rutschungen. Wien.

Böll H., Kienholz H., Romang H. (2008): Schweizerische Eidgenossenschaft. Nationale Plattform Naturgefahren PLANAT: Beurteilung der Wirkung von Schutzmassnahmen gegen Naturgefahren als Grundlage für ihre Berücksichtigung in der Raumplanung. Teil E: Wildbäche.

Bunza G. (1975): Klassifizierung alpiner Massenbewegungen als Beitrag zur Wildbachkunde. München.

Bunza G. (1989): Abtrag in Wildbachgebieten. In: Informationsbericht 4/89 des Bayerischen Landesamtes für Wasserwirtschaft: Schutz vor Wildbächen und Lawinen -Auswirkungen der Waldschäden- . München, S. 81-89.

Bunza G. (1992): Instabile Hangflanken und ihre Bedeutung für die Wildbachkunde. Forschungsberichte des Deutschen Alpenvereins. Band 5. München.

Bunza G. & Schauer Th. (1989): Der Einfluss von Vegetation, Geologie und Nutzung auf den Oberfächenabfluss bei künstlichen Starkregen in Wildbachgebieten der Bayrischen Alpen. In: Informationsbericht 2/89 des Bayerischen Landesamtes für Wasserwirtschaft: Grundlagen des Wasserbaus, Aktuelle Beiträge. München, S. 127-150.

Bunza G., Jürging P., Löhmannsröben R., Schauer Th., Ziegler R. (1996): Abfluß- und Abtragsprozesse in Wildbacheinzugsgebieten. Grundlagen zum integralen Wildbachschutz. In: Schriftenreihe des Bayerischen Landesamtes für Wasserwirtschaft. Heft 27, München.

Bunza G., Ploner A., Sönser Th. (2004): Die Modellierung des Abfluss- und Feststofftransportes in Wildbächen für die Beurteilung und Planung von

Schutzmaßnahmen. Dargestellt am Besispiel des Lainbach bei Benediktbeuren, Bayern. In: Internationales Symposium INTERPRAEVENT 2004. Riva/ Trient.

Burri J. & Binder F. (2001): Vorstudie Kleinwasserkraftwerk Mühle am Steintalerbach in Ebnat Kappel. Reaktivierung der ehemaligen Wasserkraftanlage Mühle. Locarno.

CIPRA Deutschland [Hrsg.] (2011): Leben mit alpinen Naturgefahren. Ergebnisse aus dem Alpenraumprogramm der Europäischen Territorialen Zusammenarbeit 2007 – 2013. München.

ClimCHAlp Partnership [Hrsg.] (2008.): Climate Change, Impact and Adatation Strategies in the Alpine Space. Strategic Interreg III B Alpine Space Project. München.

DIN 19663 (1985): Wildbachverbauung: Begriffe, Planung und Bau. Normenausschuss Wasserwesen (NAW) im Deutschen Institut für Normung (DIN). Berlin.

Ehrig F.R. (1977): Walddegradation und Waldsanierung im Raum von Garmisch-Partenkirchen. In: Erdkunde, Band 31/1977, S. 33-44.

Felix R., Priesmeier K., Wagner O., Vogt H., Wilhelm F. (1988): Abfluss in Wildbächen. Untersuchungen im Einzugsgebiet des Laibaches bei Benediktbeuern/Oberbayern. Abschlussbericht des Teilprojektes A2 Sonderforschungsbereich 81 (TUM). In: Münchner Geographische Abhandlungen, Reihe B, Bd. 6, München.

Fleischer G. (2011): Hochwasser und Murgänge in kleinen alpinen Einzugsgebieten – Bedingungen, Ereignisdatenzusammentrag und menschliche „Ohnmacht". In: Hellesches Jahrbuch für Geowissenschaften, 32,33. Saale, S. 113-128.

Forstgesetz 1975: www.ris.bka.gv.at. (07.10.2015).

HANG, Historische Analyse von Naturgefahren (2004): Datenblatt des Lainbach (Bendediktbeuern) zum Ereignis vom 30. Juni 1990. Weilheim.

Holub M. (2006): Erstellung und Bedeutung von Gefahrenzonenplänen. In. Wissenschaft & Umwelt 2006 – INTERDISZIPLINÄR Nr. 10, Wien, S. 3-17.

Hübl J. (1996): Muren als Transportprozessform in Einzugsgebieten. In: Internationales Symposium, INTERPRAEVENT, Tagungspublikation, Band 3. Garmisch-Partenkirchen, S. 93-101.

Hübl J., Bunza G., Hafner K. (2003): ETAlp – Erosion, Transport in Alpinen Systemen. „Stummer Zeugen Katalog". Wien.

Hübl J., Hochschwarzer M., Sereinig N., Wöhrer-Alge M. (2011): Alpine Naturgefahren. Ein Handbuch für Praktiker. Wildbach- und Lawinenverbauung. Vorarlberg.

Hübl J., Eisl J., Tadler R. (2012): Ereignisdokumentation 2012. Überblick über die Wildbachereignisse in Österreich sowie Dokumentation ausgewählter Katastrophen: Lorenzerbach (Gemeinde Trieben/ Steiermark) und Firschnitzbach (Virgen/ Tirol). Wien.

Hübl J., Eisl J., Chiari M., Scheidl Ch., Wiesinger Th. (2013): Ereignisdokumentation 2013. Bericht über die Wildbachereignisse im Juni 2013 in Österreich. Wien.

Karl J. & Mangelsdorf J. (1982): Die Wildbachtypen der Ostalpen. In: Bunza G., Karl J., Mangelsdorf J.: Geologisch-morphologische Grundlagen der Wildbachkunde. In: Schriftenreihe des Bayerischen Landesamtes für Wasserwirtschaft. Heft 17, München, S. 89-101.

Kraus O. (1989): Gefährdungsklassifizierung bei Wildbächen. In: Informationsbericht 4/89 des Bayerischen Landesamtes für Wasserwirtschaft: Schutz vor Wildbächen und Lawinen –Auswirkungen der Waldschäden-.. München, S. 91-99.

Kreikemeier A., Damm B., Böhner J., Hagedorn J. (2004): Wildbäche im Fulda- und Oberwesereinzugsgebiet (Nordhessen und Südniedersachsen) – Fallbeispiele und Ansätze zur Abfluss- und Abtragsmodellierung. In: Becht M., Damm B. [Hrsg]: Zeitschrift für Geomorphologie, Folge 135: Geomorphologische und hydrologische Naturgefahren in Mitteleuropa, Berlin Stuttgart, S. 69-94.

Lehmann F.W.P. (1879): Die Wildbäche der Alpen. Eine Darstellung ihrer Ursachen, Verheerungen und Bekämpfung als Beitrag zur physischen Geographie. Breslau.

Luzian R. [Hrsg] (2002): Wildbäche und Muren. Eine Wildbachkunde mit einer Übersicht von Schutzmaßnahmen der Ära Aulitzky. Innsbruck.

Marchi L. & Brochot S. (2000): Les cônes de déjection torrentiels dans les Alpes françaises. Morphométrie et processus de transport solide torrentiel. In: Revue de géographie alpine. 2000, Tome 88 N°3, pp. 23-38.

Marthaler M. (2013): Das Matterhorn aus Afrika. Die Entstehung der Alpen in der Erdgeschichte. 3. Aufl., Bern.

Penck W. (1912): Naturgewalten im Hochgebirge. Stuttgart.

Probst T. (2014): Klimawandel in den Alpen: Ein Blick in Vergangenheit und Zukunft. In: Chilla T. [Hrsg.]: Leben in den Alpen. Verstädterung, Entsiegelung und neue Aufwertungen. Bern, S. 221-233.

Rimböck A., Eichenseer E., Loipersberger A. (2012): Integrale Wildbach-Entwicklungskonzepte. Ein neuer Ansatz, um Erhalt und Zukunftsanforderungen in Einklang zu bringen?. Grenoble.

Stritzl J. (1980): Sicherheit im alpinen Raum. Villach.

Stiny J. (1910): Die Muren. Versuch einer Monographie mit besonderer Berücksichtigung der Verhältnisse in den Tiroler Alpen. Innsbruck.

Stiny J. (1931): Geologische Grundlagen der Verbauung der Geschiebeherde in Gewässern. München.

Suda J. (2008): Schutzbauten vor Naturgefahren. Am: Institut für Konstruktiven Ingenieurbau. Department für Bautechnik und Naturgefahren. Universität für Bodenkultur Wien, Bozen.

Surell A. (1841): Étude sur les torrents des Hautes-Alpes. Paris.

Wagner K. (2004): Naturgefahrenbewusstsein und– kommunikation am Beispiel von Sturzfluten und Rutschungen in vier Gemeinden des Bayerischen Alpenraums. Dissertation am Lehrstuhl für Forstpolitik und Forstgeschichte an der Fakultät Wissenschaftszentrum Weihenstephan für Ernährung, Landnutzung und Umwelt derTechnischen Universität München. Freising.

Wallner A., Bäschling E., Grosjean M., Labhart T., Wiesmann U., Wiesmann U. [Hrsg.] (2007): Welt der Alpen – Erbe der Welt. Jungfrau, Aletsch, Bietschhorn. Bern.

Weiss G. (2003): Politische Strategien für einen nachhaltigen Schutz vor Naturgefahren. In. Ländlicher Raum 4/2003. Wien, S. 1-7.

Wetzel K.-F. (1992): Abtragsprozesse an Hängen und Feststoffführung der Gewässer. Dargestellt am Beispiel der pleistozänen Lockergesteine des Lainbachgebietes (Benediktbeuern/Obb.). In: Münchner Geographische Abhandlungen der Münchner Universitätsschriften, Fakultät für Geowissenschaften. München.

Wetzel K.-F. (1994): Abflussbildung während sommerlicher Niederschläge in einem kleinen Einzugsgebiet der Nördlichen Kalkalpen. In: ERDKUNDE, Band 48, Heft 3, S. 161-173.

Wetzel K.-F., Sass O., v. Restorff C. (2006): Mass movement processes in unconsolidated pleistocene sediments – a multi-method investigation at the „Hochgraben" (Jenbach/ upper Bavaria). In: Erdkunde, Band 60/2006, S. 246-260.

BEI GRIN MACHT SICH IHR
WISSEN BEZAHLT

- Wir veröffentlichen Ihre Hausarbeit,
  Bachelor- und Masterarbeit

- Ihr eigenes eBook und Buch -
  weltweit in allen wichtigen Shops

- Verdienen Sie an jedem Verkauf

Jetzt bei www.GRIN.com hochladen
und kostenlos publizieren